세상이 변해도
배움의 즐거움은
변함없도록

시대는 빠르게 변해도
배움의 즐거움은
변함없어야 하기에

어제의 비상은
남다른 교재부터
결이 다른 콘텐츠
전에 없던 교육 플랫폼까지

변함없는 혁신으로
교육 문화 환경의 새로운 전형을
실현해왔습니다.

비상은 오늘, 다시 한번
새로운 교육 문화 환경을 실현하기 위한
또 하나의 혁신을 시작합니다.

오늘의 내가 어제의 나를 초월하고
오늘의 교육이 어제의 교육을 초월하여
배움의 즐거움을 지속하는 혁신,

바로, 메타인지학습을.

상상을 실현하는 교육 문화 기업 비상

메타인지학습
초월을 뜻하는 meta와 생각을 뜻하는 인지가 결합된 메타인지는
자신이 알고 모르는 것을 스스로 구분하고 학습계획을 세우도록 하는
궁극의 학습 능력입니다. 비상의 메타인지학습은 메타인지를 키워주어
공부를 100% 내 것으로 만들도록 합니다.

개념+유형
최상위 탑

Top
Book

5·2

Top Book

STEP 1
기본 실력 점검

STEP 1 핵심 개념과 문제

상위권 실력 향상

STEP 2 상위권 문제

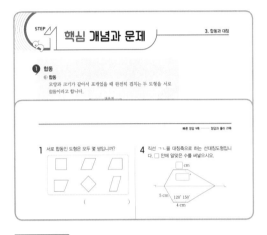

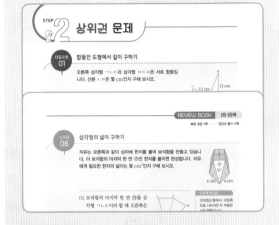

핵심 개념

핵심 교과 개념을 보기 쉽게 정리

교과 개념과 연계된 상위 개념까지 빠짐없이 정리

핵심 문제

개념 이해를 점검할 수 있는 필수 문제로 구성

대표유형

단원의 대표 문제를 단계별로 풀 수 있도록 구성

유제

대표유형의 유사 문제로 연습할 수 있도록 구성

신유형

생활 속에서 찾을 수 있는 흥미로운 문제로 구성

1:1 복습

복습 상위권 문제

Review Book

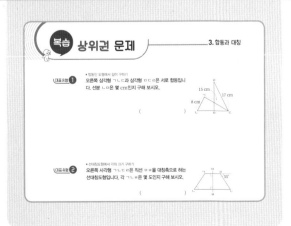

Top Book의 문제를 **Review Book**에서
1:1로 복습하여 최상위권을 정복해요

STEP **3** 상위권 실력 완성
상위권 문제 확인과 응용

STEP **4** 최상위권 완전 정복
최상위권 문제

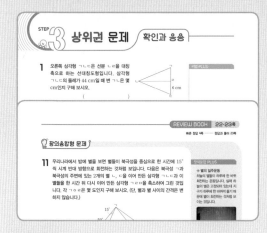

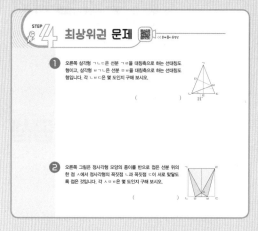

확인
대표유형 문제를 잘 익혔는지 확인할 수 있도록 구성

응용
대표유형 문제를 잘 익혀서 풀 수 있는 응용 문제로
구성

창의융합형 문제
타 과목과 융합된 문제로 구성
흥미 있는 소재의 문제로 구성

최상위권 문제
종합적 사고력을 기를 수 있는 문제로 구성
최상위권을 정복할 수 있는 최고난도 문제로 구성

1:1 복습

1:1 복습

복습 상위권 문제 확인과 응용

복습 최상위권 문제

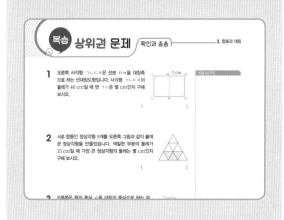

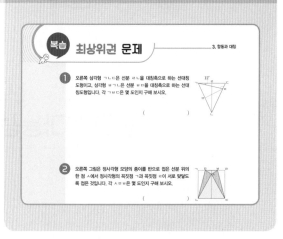

1

수의 범위와
어림하기

1 이상과 이하

> **■ 이상인 수: ■와 같거나 큰 수**

• 100 이상인 수: 100과 같거나 큰 수

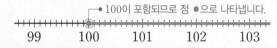
100이 포함되므로 점 ●으로 나타냅니다.

> **▲ 이하인 수: ▲와 같거나 작은 수**

• 80 이하인 수: 80과 같거나 작은 수

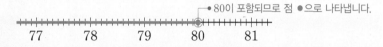
80이 포함되므로 점 ●으로 나타냅니다.

중1 연계

‖ 이상, 이하, 초과, 미만을 기호로 나타내기

• ■ ≥ ▲
  ⇨ ■는 ▲와 같거나 큽니다.
  　 ■는 ▲ 이상입니다.

• ■ ≤ ▲
  ⇨ ■는 ▲와 같거나 작습니다.
  　 ■는 ▲ 이하입니다.

• ■ > ▲
  ⇨ ■는 ▲보다 큽니다.
  　 ■는 ▲ 초과입니다.

• ■ < ▲
  ⇨ ■는 ▲보다 작습니다.
  　 ■는 ▲ 미만입니다.

2 초과와 미만

> **◆ 초과인 수: ◆보다 큰 수**

• 120 초과인 수: 120보다 큰 수

120이 포함되지 않으므로 점 ○으로 나타냅니다.

> **◉ 미만인 수: ◉보다 작은 수**

• 90 미만인 수: 90보다 작은 수

90이 포함되지 않으므로 점 ○으로
나타냅니다.

3 수의 범위를 수직선에 나타내기

수의 범위를 이상, 이하, 초과, 미만을 이용하여 수직선에 나타내면
다음과 같습니다.

• 3 이상 7 이하인 수　⇨

• 4 이상 8 미만인 수　⇨

• 5 초과 9 이하인 수　⇨

• 6 초과 10 미만인 수　⇨

[1~2] 수직선에 나타내어 보시오.

1

17 이상인 수

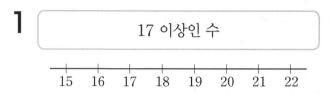

2

31 초과 36 이하인 수

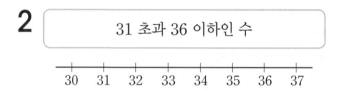

3 53을 포함하는 수의 범위를 모두 찾아 기호를 써 보시오.

> ㉠ 53 이상인 수　　㉡ 52 이하인 수
> ㉢ 53 미만인 수　　㉣ 52 초과인 수

(　　　　　　　　)

4 효선이는 친구들과 놀이 공원에 갔습니다. 몸무게가 40 kg 미만인 사람만 놀이 기구를 탈 수 있을 때 놀이 기구를 탈 수 있는 친구의 이름을 모두 써 보시오.

이름	효선	재현	형욱	수민	연지	지훈
몸무게 (kg)	38.9	40.1	39.5	36.7	40.0	42.3

(　　　　　　　　)

5 수학 경시 대회 시상을 하려고 합니다. 표를 보고 은주네 모둠에서 우수상을 받는 학생의 이름을 모두 써 보시오.

은주네 모둠 학생별 수학 경시 대회 점수

이름	점수(점)	이름	점수(점)
은주	80	지우	95
수빈	90	예은	75
은혜	45	동현	50
보라	60	윤아	85

수학 경시 대회 시상 내역

상	점수(점)
최우수상	90 이상
우수상	80 이상 90 미만
장려상	50 이상 80 미만
노력상	0 이상 50 미만

(　　　　　　　　)

6 명희는 택배를 보내기 위해 우체국에 갔습니다. 보낼 물건의 무게는 4.2 kg, 물건을 넣을 상자의 무게는 0.8 kg입니다. 명희가 물건을 상자에 넣어 택배를 보낼 때 얼마를 내야 합니까?

무게별 택배 요금

무게(kg)	요금(원)
2 이하	5000
2 초과 5 이하	6000
5 초과 10 이하	7000
10 초과 20 이하	9500

(출처: 우체국택배(방문 접수 기준), 2019.)

(　　　　　　　　)

4 올림

> 올림: 구하려는 자리의 아래 수를 올려서 나타내는 방법

• 108을 올림하여 주어진 자리까지 나타내기

십의 자리	백의 자리
108 ⇨ 110	108 ⇨ 200
└ 8을 10으로 봅니다.	└ 8을 100으로 봅니다.

참고 **실생활에서 올림을 사용하는 경우**
• 10개씩 묶음이나 100개씩 묶음으로 물건을 사야 하는 경우
• 선물을 포장할 때 필요한 끈을 충분히 사야 하는 경우
• 공장에서 생산한 물건을 상자에 모두 담거나 차에 모두 실어야 하는 경우

5 버림

> 버림: 구하려는 자리의 아래 수를 버려서 나타내는 방법

• 123을 버림하여 주어진 자리까지 나타내기

십의 자리	백의 자리
123 ⇨ 120	123 ⇨ 100
└ 3을 0으로 봅니다.	└ 23을 0으로 봅니다.

참고 **실생활에서 버림을 사용하는 경우**
• 10개씩 묶음이나 100개씩 묶음으로 물건을 포장하는 경우
• 선물을 포장할 때 사용한 끈의 길이를 구하는 경우
• 동전을 지폐로 바꾸는 경우

6 반올림

> 반올림: 구하려는 자리 바로 아래 자리의 숫자가 0, 1, 2, 3, 4이면 버리고, 5, 6, 7, 8, 9이면 올려서 나타내는 방법

• 2583을 반올림하여 주어진 자리까지 나타내기

십의 자리	백의 자리
2583 ⇨ 2580	2583 ⇨ 2600
└ 3이므로 버립니다.	└ 8이므로 올립니다.

참고 **실생활에서 반올림을 사용하는 경우**
• 무게나 높이를 더 가까운 쪽의 수로 어림하는 경우
• 경기장에 입장한 관람객의 수를 말하는 경우

개념 PLUS ⊕

| **반올림의 같은 표현**
• 일의 자리에서 반올림하기
⇦ 반올림하여 십의 자리까지 나타내기
• 십의 자리에서 반올림하기
⇦ 반올림하여 백의 자리까지 나타내기
• 백의 자리에서 반올림하기
⇦ 반올림하여 천의 자리까지 나타내기

1 올림하여 주어진 자리까지 나타내어 보시오.

수	십의 자리	백의 자리	천의 자리
2607			
75038			

2 어림하여 □ 안에 알맞은 수를 써넣고, 어림한 수의 크기를 비교하여 ○ 안에 >, =, <를 알맞게 써넣으시오.

| 2076을 버림하여 백의 자리까지 나타낸 수 ⇨ □ | ○ | 2950을 버림하여 천의 자리까지 나타낸 수 ⇨ □ |

3 주어진 수를 반올림하여 백의 자리까지 나타내면 6500입니다. □ 안에 들어갈 수 있는 십의 자리 수를 모두 구해 보시오.

65□3

(   )

4 어림하는 방법이 다른 한 사람을 찾아 이름을 써 보시오.

- 유림: 귤 268개를 10개씩 담아 판다면, 팔 수 있는 귤은 모두 몇 개일까?
- 다율: 45.2 g인 지우개의 무게를 1 g 단위로 가까운 쪽의 눈금을 읽으면 몇 g일까?
- 남훈: 풀 3917개를 100개씩 상자에 담는다면 몇 개까지 담을 수 있을까?

(   )

5 사과 877상자를 트럭에 실어 모두 옮기려고 합니다. 한 번에 100상자씩 실어 옮긴다면 최소 몇 번 옮겨야 합니까?

(   )

6 민규가 돼지 저금통을 뜯어 모은 동전을 세어 보니 500원짜리 동전이 75개, 100원짜리 동전이 118개, 50원짜리 동전이 35개였습니다. 이 동전을 1000원짜리 지폐로 바꾼다면 최대 몇 장까지 바꿀 수 있습니까?

(   )

상위권 문제

수 어림하기

35468을 올림하여 백의 자리까지 나타낸 수와 버림하여 천의 자리까지 나타낸 수의 차를 구해 보시오.

(1) 35468을 올림하여 백의 자리까지 나타낸 수와 버림하여 천의 자리까지 나타낸 수를 각각 써 보시오.

올림하여 나타낸 수 (   )

버림하여 나타낸 수 (   )

(2) 위 (1)에서 어림한 두 수의 차는 얼마입니까?

(   )

비법 PLUS

- 올림하여 백의 자리까지 나타내기
  ⇨ 백의 자리 아래 수를 100으로 봅니다.
- 버림하여 천의 자리까지 나타내기
  ⇨ 천의 자리 아래 수를 0으로 봅니다.

유제 1

12.34를 올림하여 소수 첫째 자리까지 나타낸 수와 버림하여 일의 자리까지 나타낸 수의 차를 구해 보시오.

(   )

유제 2

서술형 문제

1984.9를 다음과 같이 어림한 수가 큰 것부터 차례대로 기호를 쓰려고 합니다. 풀이 과정을 쓰고 답을 구해 보시오.

> ㉠ 올림하여 십의 자리까지 나타낸 수
> ㉡ 버림하여 백의 자리까지 나타낸 수
> ㉢ 반올림하여 일의 자리까지 나타낸 수

풀이 |

답 |

대표유형 02 수직선을 보고 수의 범위의 경곗값 구하기

수직선에 나타낸 수의 범위에 속하는 자연수가 10개일 때 ㉠에 알맞은 자연수를 구해 보시오.

(1) 38 미만인 자연수를 큰 수부터 차례대로 10개 써 보시오.

( )

(2) ㉠에 알맞은 자연수는 얼마입니까?

( )

비법 PLUS

수직선에 나타낸 수의 범위에 속하는 자연수가 ▧개일 때 경곗값이 수의 범위에 포함되는지 확인하여 자연수를 ▧개 써 보고 경곗값을 구합니다.

3 수직선에 나타낸 수의 범위에 속하는 자연수가 8개일 때 ㉠에 알맞은 자연수를 구해 보시오.

㉠   17

( )

4 수직선에 나타낸 수의 범위에 속하는 자연수 중에서 7로 나누어떨어지는 수는 4개입니다. ㉠이 될 수 있는 자연수를 모두 구해 보시오.

10   ㉠

( )

03 수의 범위 구하기

다솔이네 학교 5학년 학생들이 박물관에 가려면 정원이 42명인 버스가 최소 6대 필요하다고 합니다. 다솔이네 학교 5학년 학생은 몇 명 이상 몇 명 이하인지 구해 보시오.

(1) 버스에 탄 학생 수가 가장 적은 경우와 가장 많은 경우는 각각 몇 명입니까?

가장 적은 경우 (   )

가장 많은 경우 (   )

(2) 다솔이네 학교 5학년 학생은 몇 명 이상 몇 명 이하입니까?

(   )

비법 PLUS

• 학생 수가 가장 적은 경우는 버스 5대에 42명씩 타고 6번째 버스에 1명이 탔을 때입니다.
• 학생 수가 가장 많은 경우는 버스 6대에 42명씩 모두 탔을 때입니다.

유제
5 규현이네 학교 5학년 학생들이 놀이 기구를 타려면 정원이 36명인 놀이 기구를 최소 9번 운행해야 합니다. 규현이네 학교 5학년 학생은 몇 명 초과 몇 명 미만인지 구해 보시오.

(   )

유제
6 수지네 과수원에서 수확한 복숭아를 상자에 담으려면 35개까지 담을 수 있는 상자가 최소 8개 필요하다고 합니다. 수지네 과수원에서 수확한 복숭아 개수의 범위를 수직선에 나타내어 보시오.

```
├──┼──┼──┼──┼──┼──┼──┼──┼──┤
230  240  250  260  270  280  290  300  310  320
```

대표유형 04 올림과 버림의 활용

승주네 밭에서 감자를 815 kg 캤습니다. 이 감자를 10 kg씩 상자에 담아서 팔려고 합니다. 한 상자에 12000원씩 받고 팔 때 감자를 팔아서 받을 수 있는 돈은 모두 얼마 인지 구해 보시오.

(1) 감자는 몇 상자까지 팔 수 있습니까?

(   )

(2) 감자를 팔아서 받을 수 있는 돈은 모두 얼마입니까?

(   )

> **비법 PLUS**
>
> 감자를 10 kg씩 상자에 담아서 팔아야 하므로 감자의 무게를 버림하여 십의 자리까지 나타내어 알아봅니다.

민기네 학교 남학생은 234명, 여학생은 245명입니다. 운동회 날 선물로 전교생에게 수첩을 한 권씩 나누어 주려고 합니다. 문방구에서 수첩을 10권씩 묶음으로만 팔 때 수첩은 최소 몇 묶음 사야 하는지 구해 보시오.

(   )

막대 사탕 한 개를 만드는 데 설탕 320 g을 사용합니다. 마트에서 한 봉지에 600 g씩 들어 있는 설탕을 1250원에 판매한다고 합니다. 똑같은 막대 사탕 24개를 만들려면 설탕을 사는 데 필요한 돈은 최소 얼마인지 구해 보시오.

(   )

대표유형 05 조건을 만족하는 소수 만들기

자연수 부분이 3 이상 4 이하이고 소수 첫째 자리 수가 6 이상 7 이하인 소수 한 자리 수를 만들려고 합니다. 만들 수 있는 소수 한 자리 수는 모두 몇 개인지 구해 보시오.

(1) 자연수 부분이 될 수 있는 수와 소수 첫째 자리 수가 될 수 있는 수를 각각 써 보시오.

자연수 부분이 될 수 있는 수 (   )

소수 첫째 자리 수가 될 수 있는 수 (   )

(2) 만들 수 있는 소수 한 자리 수는 모두 몇 개입니까?

(   )

> **비법 PLUS**
>
> 만들 수 있는 소수 한 자리 수는 ▆.▲이므로 자연수 부분이 될 수 있는 수와 소수 첫째 자리 수가 될 수 있는 수를 각각 알아봅니다.

유제 9

자연수 부분이 4 초과 8 미만이고 소수 첫째 자리 수가 1 초과 4 미만인 소수 한 자리 수를 만들려고 합니다. 만들 수 있는 소수 한 자리 수는 모두 몇 개인지 구해 보시오.

(   )

유제 10

서술형 문제

자연수 부분이 1 이상 3 미만이고 소수 첫째 자리 수가 5 초과 9 이하인 소수 한 자리 수를 만들려고 합니다. 만들 수 있는 소수 한 자리 수 중에서 가장 큰 수와 가장 작은 수의 차는 얼마인지 풀이 과정을 쓰고 답을 구해 보시오.

풀이 |

답 |

대표유형 06

수 카드로 조건을 만족하는 수 만들기

4장의 수 카드 중에서 3장을 뽑아 한 번씩만 사용하여 (조건)을 모두 만족하는 세 자리 수를 만들려고 합니다. 만들 수 있는 수는 모두 몇 개인지 구해 보시오.

2 5 1 8

(조건)
· 280 이상 820 이하인 수입니다.
· 2로 나누어떨어집니다.

(1) 만들 수 있는 세 자리 수 중에서 280 이상 820 이하인 수를 모두 써 보시오.

(   )

(2) 위 (1)에서 구한 수 중에서 2로 나누어떨어지는 수는 모두 몇 개입니까?

(   )

비법 PLUS

280 이상 820 이하인 수를 만들어야 하므로 백의 자리에 올 수 있는 수는 2, 5, 8입니다.

유제 11

4장의 수 카드 중에서 3장을 뽑아 한 번씩만 사용하여 (조건)을 모두 만족하는 세 자리 수를 만들려고 합니다. 만들 수 있는 수는 모두 몇 개인지 구해 보시오.

3 1 5 9

(조건)
· 319 초과 531 이하인 수입니다.
· 9로 나누어떨어집니다.

(   )

유제 12

5장의 수 카드 중에서 4장을 뽑아 한 번씩만 사용하여 (조건)을 모두 만족하는 네 자리 수를 만들려고 합니다. 만들 수 있는 수 중에서 가장 작은 수를 구해 보시오.

  0

3 4 0 2 8

(조건)
· 천의 자리 수는 2 초과 4 이하인 수입니다.
· 백의 자리 수는 1 이상인 수입니다.
· 십의 자리 수는 4 초과인 수입니다.

(   )

대표유형 07

어림하기 전의 수 구하기

다음 다섯 자리 수를 백의 자리에서 반올림하여 나타내었더니 36000이 되었습니다. 어림하기 전의 다섯 자리 수를 구해 보시오.

$$■▲721$$

(1) 백의 자리에서 반올림하여 나타낸 수가 36000이 되는 다섯 자리 수의 범위를 구해 보시오.

　　　　　이상 　　　　　이하인 수

(2) 어림하기 전의 다섯 자리 수는 무엇입니까?

(　　　　　　　　　)

비법 PLUS

백의 자리에서 반올림하여 나타내면 36000이 되는 수의 범위를 알면 어림하기 전 다섯 자리 수의 만의 자리 수와 천의 자리 수를 각각 알 수 있습니다.

유제

13 다음 다섯 자리 수를 버림하여 백의 자리까지 나타내었더니 64700이 되었습니다. 어림하기 전의 다섯 자리 수를 구해 보시오.

$$6●◆05$$

(　　　　　　　　　)

유제

14 어떤 자연수를 반올림하여 백의 자리까지 나타낸 수는 3700이고, 올림하여 백의 자리까지 나타낸 수는 3800입니다. 어림하기 전의 수가 될 수 있는 수 중에서 가장 큰 네 자리 수를 구해 보시오.

(　　　　　　　　　)

신유형
08

전기 요금 구하기

전기는 우리가 생활하는 데 없어서는 안 될 중요한 자원 중의 하나입니다. 우리가 텔레비전, 컴퓨터 등 전자 제품을 사용할 수 있는 것도 모두 전기 덕분입니다. 이처럼 전기는 잘 쓰면 우리 생활에 아주 유용하지만 감전 사고나 화재 등 위험한 경우도 발생할 수 있으므로 안전 수칙에 따라 잘 사용해야 합니다. 다음은 주택용 전력 사용량별 전기 요금을 나타낸 표입니다. 수진이네 집이 한 달 동안 전기를 $350 \, \mathrm{kWh}$ 사용했다면 전기 요금은 얼마인지 구해 보시오. (단, 전기 요금은 기본요금과 구간별 전력량 요금을 더하여 계산하고, 전력량 요금은 버림하여 일의 자리까지 나타낸 수로 계산합니다.)

주택용 전력(저압) 사용량별 전기 요금

기본요금(원/호)		전력량 요금(원/kWh)	
$200 \, \mathrm{kWh}$ 이하 사용	910	처음 $200 \, \mathrm{kWh}$까지	93.3
$200 \, \mathrm{kWh}$ 초과 $400 \, \mathrm{kWh}$ 이하 사용	1600	다음 $200 \, \mathrm{kWh}$까지	187.9
$400 \, \mathrm{kWh}$ 초과 사용	7300	$400 \, \mathrm{kWh}$ 초과	280.6

예 월 사용량이 $208 \, \mathrm{kWh}$일 때 전기 요금 계산 방법:
(기본요금)+(전력량 요금)
$=1600+200 \times 93+8 \times 187=1600+18600+1496=21696$(원)

(출처: 전기 요금표, 한국전력공사, 2019.)

(1) 월 사용량이 $350 \, \mathrm{kWh}$일 때 전기 요금의 기본요금은 얼마입니까?

(　　　　)

(2) 수진이네 집의 한 달 전기 요금은 얼마입니까?

(　　　　)

신유형 PLUS

➕ 전력량의 단위
kWh는 전력량을 나타내는 단위이고 '킬로와트시'라고 읽습니다.

유제
15 한 달 전력 사용량은 이번 달 수치에서 지난달 수치를 뺀 값입니다. 종현이네 집의 9월 수치는 $3780 \, \mathrm{kWh}$였고, 8월 수치는 $3360 \, \mathrm{kWh}$였습니다. 위 표를 보고 종현이네 집의 9월 전기 요금은 얼마인지 구해 보시오. (단, 전기 요금은 기본요금과 구간별 전력량 요금을 더하여 계산하고, 전력량 요금은 버림하여 일의 자리까지 나타낸 수로 계산합니다.)

(　　　　　　)

1 수직선에 나타낸 수의 범위에 속하는 자연수 중에서 3으로 나누어떨어지는 수는 모두 몇 개인지 구해 보시오.

16   24

(   )

비법 PLUS

2 편지를 규격 봉투에 담아 보통 우편으로 보낼 때 편지의 무게에 따른 우편 요금은 다음과 같습니다. 5 g인 편지 2통, 15 g인 편지 3통, 25 g인 편지 2통을 보통 우편으로 보낸다면 모두 얼마를 내야 하는지 구해 보시오.

무게에 따른 우편 요금

편지의 무게(g)	보통 우편 요금
5 이하	350원
5 초과 25 이하	380원
25 초과 50 이하	400원

(출처: 통상 우편물 요금, 우체국, 2019년 5월.)

(   )

3 규선이네 학교 학생 수를 버림하여 십의 자리까지 나타낸 수는 1620명입니다. 한글날을 맞이하여 전교생에게 수첩을 3권씩 나누어 주려면 최소 몇 권을 준비해야 하는지 구해 보시오.

(   )

➕ 학생 수가 가장 많은 경우에도 학생 모두에게 수첩을 3권씩 나누어 줄 수 있어야 합니다.

4 동준이와 은서는 23800원짜리 소설책을 각각 한 권씩 사려고 합니다. 책값을 동준이는 10000원짜리, 은서는 1000원짜리 지폐로만 내려고 합니다. 두 사람이 내야 할 최소 지폐 수의 차는 몇 장인지 구해 보시오.

(   )

5 5장의 수 카드를 한 번씩만 사용하여 다섯 자리 수를 만들려고 합니다. 만들 수 있는 수 중에서 가장 큰 수와 가장 작은 수를 각각 반올림하여 천의 자리까지 나타내었을 때 어림한 두 수의 차를 구해 보시오.

| 1 | 5 | 7 | 8 | 4 |

(   )

서술형 문제

6 정오각형의 모든 변의 길이의 합이 70 cm 초과 135 cm 미만이 되도록 한 변의 길이를 정하려고 합니다. 이 정오각형의 한 변의 길이는 몇 cm 초과 몇 cm 미만인지 풀이 과정을 쓰고 답을 구해 보시오.

풀이 |

답 |

7 다음 네 자리 수를 올림하여 백의 자리까지 나타낸 수와 반올림하여 백의 자리까지 나타낸 수는 같습니다. ☐ 안에 들어갈 수 있는 수를 모두 구해 보시오.

39☐1

(   )

✚ 올림은 구하려는 자리 아래 수가 모두 0인 경우에만 그대로 쓰고 그 외의 경우에는 모두 올립니다.

8 (조건)을 모두 만족하는 소수 세 자리 수를 구해 보시오.

(조건)
- 자연수 부분은 가장 큰 한 자리 수입니다.
- 소수 첫째 자리 수는 7 초과 9 미만입니다.
- 소수 둘째 자리 수는 3 이상 4 미만입니다.
- 각 자리 수의 합은 27입니다.

(   )

비법 PLUS

서술형 문제

9 (조건)을 모두 만족하는 네 자리 수는 모두 몇 개인지 풀이 과정을 쓰고 답을 구해 보시오.

(조건)
- 버림하여 백의 자리까지 나타낸 수는 1400입니다.
- 반올림하여 백의 자리까지 나타낸 수는 1400입니다.

풀이 |

답 |

◆ ■ 이상 ▲ 이하인 자연수의 개수
⇨ (■－▲＋1)개

10 어느 공장의 지난해 밀가루 생산량을 백의 자리에서 반올림하여 나타내면 574000 kg이고, 올해 밀가루 생산량을 올림하여 만의 자리까지 나타내면 620000 kg입니다. 지난해와 올해의 밀가루 생산량의 차가 가장 작을 때의 차는 몇 kg인지 구해 보시오. (단, 밀가루 생산량은 자연수로 나타냅니다.)

(   )

◆ 먼저 지난해와 올해의 밀가루 생산량의 범위를 각각 구합니다.

💡 창의융합형 문제

11 KTX는 우리나라의 고속 철도입니다. 일본의 신칸센, 프랑스의 테제베, 독일의 이체, 스페인의 아베에 이어 세계에서 5번째로 개통되었으며 2004년 4월 1일부터 운행하였습니다. KTX는 한 시간에 300 km를 가는 빠르기로 지역 간의 이동을 빠르고 편리하게 해주어

▲ KTX

사람들의 삶을 크게 변화시키고 있습니다. 은지네 가족은 서울역에서 KTX를 타고 부산역으로 가려고 합니다. 은지네 가족 4명이 내야 할 요금은 모두 얼마인지 구해 보시오.

KTX 운임 요금(서울역 → 부산역)

구분	요금(일반실)
어른	59800원
어린이	29900원
경로	41900원

은지네 가족의 나이

할머니	만 72세
아버지	만 45세
어머니	만 43세
은지	만 12세

(어린이: 만 4세 이상 12세 이하, 경로: 만 65세 이상)

(   )

12 서울 송파구에 위치한 잠실 야구장은 우리나라의 대표적인 야구 전용 구장입니다. 대한민국 최대 규모이며 다른 나라의 야구장과 비교해도 넓은 편이라 홈런이 나오기 어려운 야구장이라고 합니다. 잠실 야구장에 야구 경기를 관람하러 온 입장객 수를 백의 자리에서 반

▲ 잠실 야구장

올림하여 나타내면 19000명입니다. 야구 협회에서 응원 깃발을 19000개 준비하여 입장객 모두에게 한 개씩 주려고 합니다. 나누어 주고 남는 응원 깃발이 가장 많은 경우는 몇 개인지 구해 보시오.

(   )

1 〔조건〕을 만족하는 자연수 ㉠와 ㉡의 차를 구해 보시오.

〔조건〕
- 40 초과 ㉠ 이하인 자연수는 모두 12개입니다.
- ㉡ 이상 25 미만인 자연수는 모두 15개입니다.

(   )

2 윤우네 학교 남학생은 320명, 여학생은 315명입니다. 체육대회 날 선물로 전교생에게 자를 한 개씩 나누어 주려고 합니다. ㉠ 문방구와 ㉡ 문방구에서 다음과 같이 자를 묶음으로만 팔 때 자를 부족하지 않게 최소 가격으로 사려면 어느 문방구에서 더 싸게 살 수 있는지 구해 보시오.

문방구	한 묶음의 개수	한 묶음의 가격
㉠	10개	6000원
㉡	30개	16000원

(   )

3 오른쪽은 지역별 자동차 판매량을 반올림하여 천의 자리까지 나타낸 수를 막대그래프로 나타낸 것입니다. 세 지역의 자동차 판매량이 가장 많을 때와 가장 적을 때의 판매량의 차는 몇 대인지 구해 보시오.

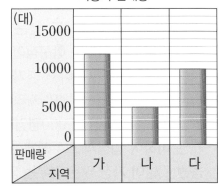

(   )

4 6장의 수 카드 중에서 5장을 뽑아 한 번씩만 사용하여 50000에 가장 가까운 수를 만들었습니다. 만든 수를 올림하여 백의 자리까지 나타낸 수와 반올림하여 십의 자리까지 나타낸 수의 차를 구해 보시오.

| 0 | 9 | 5 | 8 | 1 | 4 |

(   )

5 서율이네 반 학생 24명 중에서 축구를 좋아하는 학생은 16명, 야구를 좋아하는 학생은 15명입니다. 축구와 야구를 모두 좋아하는 학생은 몇 명 초과 몇 명 미만인지 구해 보시오.

(   )

6 5장의 수 카드를 한 번씩만 사용하여 만들 수 있는 다섯 자리 수 중에서 천의 자리에서 반올림하여 나타낸 수가 70000이 되는 수는 모두 몇 개인지 구해 보시오.

| 4 | 2 | 7 | 9 | 6 |

(   )

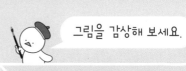
그림을 감상해 보세요.

에드가 드가, 「별, 무대 위의 무희」, 1874년

2

분수의 곱셈

STEP 1 핵심 개념과 문제

❶ (분수)×(자연수)

분모는 그대로 두고 분자와 자연수를 곱합니다.

• $\dfrac{7}{12}\times16$의 계산 →•(진분수)×(자연수)

$$\dfrac{7}{12}\times16=\dfrac{7\times16}{12}=\dfrac{\overset{28}{\cancel{112}}}{\underset{3}{\cancel{12}}}=\dfrac{28}{3}=9\dfrac{1}{3}$$ →•분수의 곱셈을 다 한 이후에 약분하기

$$\dfrac{7}{\underset{3}{\cancel{12}}}\times\overset{4}{\cancel{16}}=\dfrac{7\times4}{3}=\dfrac{28}{3}=9\dfrac{1}{3}$$ →•분수의 곱셈을 하는 과정에서 약분하기

• $1\dfrac{1}{6}\times2$의 계산 →•(대분수)×(자연수)

방법 1 대분수를 가분수로 바꾸어 계산하기

$$1\dfrac{1}{6}\times2=\dfrac{7}{\underset{3}{\cancel{6}}}\times\overset{1}{\cancel{2}}=\dfrac{7}{3}=2\dfrac{1}{3}$$

방법 2 대분수를 자연수와 진분수의 합으로 보고 계산하기

$$1\dfrac{1}{6}\times2=(1\times2)+\left(\dfrac{1}{\underset{3}{\cancel{6}}}\times\overset{1}{\cancel{2}}\right)=2+\dfrac{1}{3}=2\dfrac{1}{3}$$

❷ (자연수)×(분수)

분모는 그대로 두고 자연수와 분자를 곱합니다.

• $12\times\dfrac{5}{8}$의 계산 →•(자연수)×(진분수)

$$12\times\dfrac{5}{8}=\dfrac{12\times5}{8}=\dfrac{\overset{15}{\cancel{60}}}{\underset{2}{\cancel{8}}}=\dfrac{15}{2}=7\dfrac{1}{2}$$ →•분수의 곱셈을 다 한 이후에 약분하기

$$\overset{3}{\cancel{12}}\times\dfrac{5}{\underset{2}{\cancel{8}}}=\dfrac{3\times5}{2}=\dfrac{15}{2}=7\dfrac{1}{2}$$ →•분수의 곱셈을 하는 과정에서 약분하기

• $5\times2\dfrac{1}{7}$의 계산 →•(자연수)×(대분수)

방법 1 대분수를 가분수로 바꾸어 계산하기

$$5\times2\dfrac{1}{7}=5\times\dfrac{15}{7}=\dfrac{75}{7}=10\dfrac{5}{7}$$

방법 2 대분수를 자연수와 진분수의 합으로 보고 계산하기

$$5\times2\dfrac{1}{7}=(5\times2)+\left(5\times\dfrac{1}{7}\right)=10+\dfrac{5}{7}=10\dfrac{5}{7}$$

중1 연계

❘ 분배 법칙

$(\bullet+\blacktriangle)\times\blacksquare=\bullet\times\blacksquare+\blacktriangle\times\blacksquare$

$(\bullet-\blacktriangle)\times\blacksquare=\bullet\times\blacksquare-\blacktriangle\times\blacksquare$

예 $1\dfrac{1}{6}\times2=\left(1+\dfrac{1}{6}\right)\times2$

$\qquad=(1\times2)+\left(\dfrac{1}{\underset{3}{\cancel{6}}}\times\overset{1}{\cancel{2}}\right)$

$\qquad=2+\dfrac{1}{3}=2\dfrac{1}{3}$

개념 PLUS ➕

• 자연수에 진분수를 곱한 값은 처음 자연수보다 작아집니다.

예 $5\times\dfrac{2}{3}=\dfrac{10}{3}=3\dfrac{1}{3}(<5)$

• 자연수에 대분수를 곱한 값은 처음 자연수보다 커집니다.

예 $5\times1\dfrac{1}{4}=5\times\dfrac{5}{4}$

$\qquad=\dfrac{25}{4}=6\dfrac{1}{4}(>5)$

1 계산 결과가 16보다 작은 식을 모두 찾아 기호를 써 보시오.

> ㉠ $\dfrac{7}{8} \times 16$　　㉡ $2\dfrac{1}{10} \times 16$
>
> ㉢ $16 \times \dfrac{5}{12}$　　㉣ $16 \times 1\dfrac{1}{14}$

（　　　　　　　）

2 계산이 잘못된 곳을 찾아 바르게 계산해 보시오.

> $$\overset{5}{\cancel{25}} \times 2\dfrac{2}{\underset{3}{\cancel{15}}} = 5 \times 2\dfrac{2}{3} = 5 \times \dfrac{8}{3}$$
>
> $$= \dfrac{40}{3} = 13\dfrac{1}{3}$$

$25 \times 2\dfrac{2}{15}$

3 한 명이 피자 한 판의 $\dfrac{3}{8}$씩 먹으려고 합니다. 32명이 먹으려면 피자는 모두 몇 판 필요합니까?

（　　　　　　　）

4 길이가 8 m인 나무 막대의 $\dfrac{3}{10}$을 사용했습니다. 사용한 나무 막대는 몇 m입니까?

（　　　　　　　）

5 분수의 곱셈식에 알맞은 문제를 만들고, 풀어 보시오.

> $28 \times 2\dfrac{1}{2}$

문제 | _____

_____

_____

（　　　　　　　）

6 잘못 말한 친구의 이름을 써 보시오.

> • 서연: 1 L의 $\dfrac{1}{2}$은 500 mL야.
> • 지우: 1분의 $\dfrac{1}{6}$은 6초야.
> • 형석: 1 kg의 $\dfrac{1}{4}$은 250 g이야.

（　　　　　　　）

③ 진분수의 곱셈

분자는 분자끼리, 분모는 분모끼리 곱합니다.

초 6-1 연계

┃ 분수의 나눗셈

(분수)÷(자연수)는 분수의 곱셈으로 나타내어 계산할 수 있습니다.

예 $\dfrac{3}{7} \div 2 = \dfrac{3}{7} \times \dfrac{1}{2} = \dfrac{3}{14}$

・ $\dfrac{1}{9} \times \dfrac{1}{4}$ 의 계산 → (단위분수)×(단위분수)

$$\dfrac{1}{9} \times \dfrac{1}{4} = \dfrac{1 \times 1}{9 \times 4} = \dfrac{1}{36}$$

・ $\dfrac{3}{4} \times \dfrac{5}{6}$ 의 계산 → (진분수)×(진분수)

$$\dfrac{3}{4} \times \dfrac{5}{6} = \dfrac{3 \times 5}{4 \times 6} = \dfrac{\overset{5}{\cancel{15}}}{\underset{8}{\cancel{24}}} = \dfrac{5}{8} \quad \text{→ 분수의 곱셈을 다 한 이후에 약분하기}$$

$$\dfrac{\overset{1}{\cancel{3}}}{4} \times \dfrac{5}{\underset{2}{\cancel{6}}} = \dfrac{5}{8} \quad \text{→ 분수의 곱셈을 하는 과정에서 약분하기}$$

참고 세 진분수의 곱셈도 분자는 분자끼리, 분모는 분모끼리 곱합니다.

$$\dfrac{2}{3} \times \dfrac{1}{4} \times \dfrac{3}{5} = \dfrac{2 \times 1 \times 3}{3 \times 4 \times 5} = \dfrac{\overset{1}{\cancel{6}}}{\underset{10}{\cancel{60}}} = \dfrac{1}{10}$$

④ 대분수의 곱셈

・ $2\dfrac{4}{5} \times 1\dfrac{4}{7}$ 의 계산 → (대분수)×(대분수)

방법 1 대분수를 가분수로 바꾸어 계산하기

$$2\dfrac{4}{5} \times 1\dfrac{4}{7} = \dfrac{\overset{2}{\cancel{14}}}{5} \times \dfrac{11}{\underset{1}{\cancel{7}}} = \dfrac{22}{5} = 4\dfrac{2}{5}$$

방법 2 대분수를 자연수와 진분수의 합으로 보고 계산하기

$$2\dfrac{4}{5} \times 1\dfrac{4}{7} = \left(2\dfrac{4}{5} \times 1\right) + \left(2\dfrac{4}{5} \times \dfrac{4}{7}\right)$$

$$= 2\dfrac{4}{5} + \left(\dfrac{\overset{2}{\cancel{14}}}{5} \times \dfrac{4}{\underset{1}{\cancel{7}}}\right)$$

$$= 2\dfrac{4}{5} + 1\dfrac{3}{5} = 4\dfrac{2}{5}$$

1 〈보기〉와 같은 방법으로 계산해 보시오.

〈보기〉

$$2\frac{1}{3} \times 4\frac{1}{5} = \frac{7}{3} \times \frac{\overset{7}{\cancel{21}}}{5} = \frac{49}{5} = 9\frac{4}{5}$$

$$3\frac{5}{7} \times 1\frac{3}{4}$$

2 계산 결과를 비교하여 ○ 안에 >, =, <를 알맞게 써넣으시오.

$$\frac{7}{10} \times \frac{5}{28} \bigcirc \frac{1}{2} \times \frac{1}{2} \times \frac{1}{2}$$

3 민아는 어제 책 한 권의 $\frac{1}{4}$을 읽었고, 오늘은 어제 읽은 양의 $\frac{2}{3}$를 읽었습니다. 민아가 오늘 읽은 양은 책 전체의 몇 분의 몇입니까?

( )

4 6장의 수 카드 중에서 2장을 한 번씩만 사용하여 다음 곱셈식을 만들려고 합니다. 계산 결과가 가장 크게 되도록 □ 안에 알맞은 수를 써넣으시오.

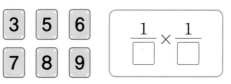

$$\frac{1}{\square} \times \frac{1}{\square}$$

5 직사각형 ㉮와 평행사변형 ㉯가 있습니다. ㉮와 ㉯의 넓이의 차는 몇 cm^2입니까?

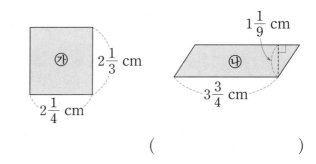

( )

6 진형이의 몸무게는 35 kg입니다. 동생의 몸무게는 진형이의 몸무게의 $\frac{6}{7}$이고, 엄마의 몸무게는 동생의 몸무게의 $1\frac{7}{8}$입니다. 엄마의 몸무게는 몇 kg입니까?

( )

상위권 문제

대표유형
01

■ 안에 들어갈 수 있는 자연수 구하기

■ 안에 들어갈 수 있는 자연수를 모두 구해 보시오.

$$\frac{1}{40} < \frac{1}{4} \times \frac{1}{■} < \frac{1}{25}$$

(1) □ 안에 알맞은 수를 써넣으시오.

$$\frac{1}{40} < \frac{1}{4} \times \frac{1}{■} < \frac{1}{25} \Rightarrow \frac{1}{40} < \frac{1}{4 \times ■} < \frac{1}{25}$$
$$\Rightarrow \boxed{} < 4 \times ■ < \boxed{}$$

비법 PLUS

➕ 단위분수의 크기 비교

$$\frac{1}{●} < \frac{1}{▲} \Rightarrow ▲ < ●$$

(2) ■ 안에 들어갈 수 있는 자연수를 모두 구해 보시오.

(   )

유제
1 □ 안에 들어갈 수 있는 자연수를 모두 구해 보시오.

$$\frac{1}{50} < \frac{1}{□} \times \frac{1}{6} < \frac{1}{30}$$

(   )

유제
2 □ 안에 들어갈 수 있는 자연수는 모두 몇 개인지 구해 보시오.

$$\frac{13}{81} \times \frac{27}{104} < \frac{1}{5} \times \frac{1}{□} < \frac{5}{12} \times \frac{6}{25}$$

(   )

대표유형 02 도형의 넓이 구하기

도형의 넓이는 몇 cm²인지 구해 보시오.

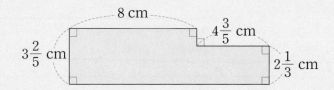

(1) 도형을 그림과 같이 나누었을 때 ㉠과 ㉡의 넓이는 각각 몇 cm²입니까?

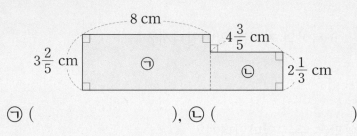

㉠ (   ), ㉡ (   )

(2) 도형의 넓이는 몇 cm²입니까?

(   )

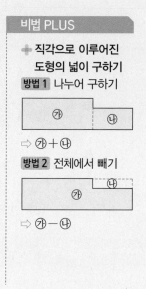

비법 PLUS

✚ 직각으로 이루어진 도형의 넓이 구하기

방법 1 나누어 구하기

⇨ ㉮ + ㉯

방법 2 전체에서 빼기

⇨ ㉮ - ㉯

유제 3 오른쪽 도형의 넓이는 몇 cm²인지 구해 보시오.

(   )

유제 4 오른쪽 도형의 넓이는 몇 cm²인지 구해 보시오.

(   )

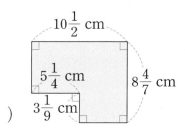

대표유형 03

수직선에서 등분한 한 점이 나타내는 값 구하기

수직선에서 $1\frac{1}{6}$ 과 $5\frac{2}{3}$ 사이를 3등분한 것입니다. ㉠에 알맞은 수를 구해 보시오.

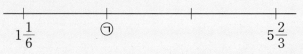

(1) $1\frac{1}{6}$ 과 $5\frac{2}{3}$ 사이의 거리는 얼마입니까?

(   )

(2) $1\frac{1}{6}$ 과 ㉠ 사이의 거리는 얼마입니까?

(   )

(3) ㉠에 알맞은 수는 얼마입니까?

(   )

비법 PLUS

➕ ㉮와 ㉯ 사이를 이등분
했을 때 ▨가 나타내는
값 구하기

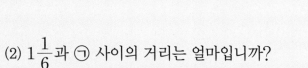

$$▨ = ㉮ + (㉯ - ㉮) \times \frac{1}{2}$$

유제 5

수직선에서 $1\frac{1}{4}$ 과 $9\frac{11}{12}$ 사이를 4등분 한 것입니다. ㉠에 알맞은 수를 구해 보시오.

(   )

유제 6

수직선에서 $1\frac{1}{2}$ 과 $7\frac{3}{4}$ 사이를 5등분 한 것입니다. ㉠에 알맞은 수를 구해 보시오.

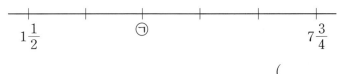

(   )

대표유형 04 시계가 가리키는 시각 구하기

선아의 시계는 하루에 $1\frac{2}{5}$분씩 빨리 갑니다. 선아의 시계를 오늘 오후 2시에 정확히 맞추어 놓았습니다. 10일 후 오후 2시에 선아의 시계가 가리키는 시각은 오후 몇 시 몇 분인지 구해 보시오.

(1) 선아의 시계가 10일 동안 빨라지는 시간은 몇 분입니까?

(   )

(2) 10일 후 오후 2시에 선아의 시계가 가리키는 시각은 오후 몇 시 몇 분입니까?

(   )

> **비법 PLUS**
>
> 하루에 ■분씩 ▲일 동안 빨라지거나 느려지는 시간은 (■×▲)분입니다.

유제 7

수민이의 시계는 하루에 $2\frac{1}{4}$분씩 늦게 갑니다. 수민이의 시계를 오늘 오전 10시에 정확히 맞추어 놓았습니다. 8일 후 오전 10시에 수민이의 시계가 가리키는 시각은 오전 몇 시 몇 분인지 구해 보시오.

(   )

유제 8 서술형 문제

선호의 시계는 한 시간에 $5\frac{2}{3}$초씩 빨리 갑니다. 선호의 시계를 오늘 오후 6시에 정확히 맞추어 놓았습니다. 내일 오전 6시에 선호의 시계가 가리키는 시각은 오전 몇 시 몇 분 몇 초인지 풀이 과정을 쓰고 답을 구해 보시오.

풀이 |

답 |

대표유형 05

공이 튀어 올랐을 때의 높이 구하기

48 m 높이에서 공을 떨어뜨렸습니다. 공은 땅에 닿으면 떨어진 높이의 $\frac{3}{4}$ 만큼 튀어 오릅니다. 공이 땅에 두 번 닿았다가 튀어 올랐을 때의 높이는 몇 m인지 구해 보시오.

(1) 공이 땅에 한 번 닿았다가 튀어 올랐을 때의 높이는 몇 m입니까?

(   )

(2) 공이 땅에 두 번 닿았다가 튀어 올랐을 때의 높이는 몇 m입니까?

(   )

비법 PLUS

공의 높이를 그림으로 나타내어 봅니다.

유제 **9**

35 m 높이에서 공을 떨어뜨렸습니다. 공은 땅에 닿으면 떨어진 높이의 $\frac{3}{5}$ 만큼 튀어 오릅니다. 공이 땅에 세 번 닿았다가 튀어 올랐을 때의 높이는 몇 m인지 구해 보시오.

(   )

유제 **10**

서술형 문제

12 m 높이에서 공을 떨어뜨렸습니다. 공은 땅에 닿으면 떨어진 높이의 $\frac{2}{3}$ 만큼 튀어 오릅니다. 공이 세 번째로 땅에 닿을 때까지 움직인 거리는 모두 몇 m인지 풀이 과정을 쓰고 답을 구해 보시오. (단, 공은 위, 아래로만 움직입니다.)

풀이 |

답 |

대표유형 06

계산 결과가 가장 크거나 작은 곱셈식 만들기

4장의 수 카드를 한 번씩만 사용하여 (자연수)×(대분수)의 곱셈식을 만들려고 합니다. 계산 결과가 가장 클 때의 곱은 얼마인지 구해 보시오.

$$\boxed{3}\quad\boxed{4}\quad\boxed{6}\quad\boxed{8}$$

(1) 계산 결과가 가장 크게 되도록 □ 안에 알맞은 수를 써 넣으시오.

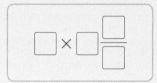

(2) 계산 결과가 가장 클 때의 곱은 얼마입니까?

(　　　　　　　)

> **비법 PLUS**
>
> ➕ 계산 결과가 가장 큰 (자연수)×(대분수)의 곱셈식 만들기
> 자연수에 가장 큰 수를 놓고, 나머지 수로 가장 큰 대분수를 만들어서 곱셈식을 만듭니다.

유제 11 4장의 수 카드를 한 번씩만 사용하여 (대분수)×(자연수)의 곱셈식을 만들려고 합니다. 계산 결과가 가장 작을 때의 곱은 얼마인지 구해 보시오.

$$\boxed{2}\quad\boxed{5}\quad\boxed{7}\quad\boxed{9}$$

(　　　　　　　)

유제 12 5장의 수 카드를 한 번씩만 사용하여 (진분수)×(대분수)의 곱셈식을 만들려고 합니다. 계산 결과가 가장 클 때의 곱은 얼마인지 구해 보시오.

$$\boxed{1}\quad\boxed{2}\quad\boxed{5}\quad\boxed{7}\quad\boxed{9}$$

(　　　　　　　)

상위권 문제

대표유형 07 규칙을 찾아 계산하기

다음을 계산해 보시오.

$$\left(1+\frac{1}{3}\right)\times\left(1+\frac{1}{4}\right)\times\left(1+\frac{1}{5}\right)\times\left(1+\frac{1}{6}\right)\times\left(1+\frac{1}{7}\right)$$

(1) 위의 식을 간단히 만들려고 합니다. ☐ 안에 알맞은 수를 써넣으시오.

$$\frac{4}{3}\times\frac{\boxed{}}{4}\times\frac{\boxed{}}{5}\times\frac{\boxed{}}{6}\times\frac{\boxed{}}{7}$$

(2) 위 (1)의 식을 계산해 보시오.

(   )

비법 PLUS

여러 개의 분수를 곱할 때에는 먼저 약분이 되는 규칙이 있는지 찾아봅니다.

예 $\dfrac{1}{\cancel{2}}\times\dfrac{\cancel{2}}{\cancel{3}}\times\dfrac{\cancel{3}}{\cancel{4}}\times\dfrac{\cancel{4}}{5}$

$=\dfrac{1}{5}$

유제 13 다음을 계산해 보시오.

$$\left(1-\frac{1}{3}\right)\times\left(1-\frac{1}{4}\right)\times\left(1-\frac{1}{5}\right)\times\left(1-\frac{1}{6}\right)\times\left(1-\frac{1}{7}\right)$$

(   )

유제 14 다음을 계산해 보시오.

$$\left(1+\frac{2}{5}\right)\times\left(1+\frac{2}{7}\right)\times\left(1+\frac{2}{9}\right)\times\cdots\cdots\times\left(1+\frac{2}{19}\right)\times\left(1+\frac{2}{21}\right)$$

(   )

신유형
08

전체의 몇 분의 몇인지 구하기

오른쪽과 같이 지구는 적도를 경계로 하여 정확히 반으로 나뉘며 북쪽을 북반구, 남쪽을 남반구라고 합니다. 지구의 $\frac{7}{10}$은 바다이고, 바다의 $\frac{3}{7}$은 북반구에 있습니다. 남반구의 육지는 지구 전체의 몇 분의 몇인지 구해 보시오.

북반구
적도
남반구

(1) 남반구의 바다는 지구 전체의 몇 분의 몇입니까?

( )

(2) 남반구의 육지는 지구 전체의 몇 분의 몇입니까?

( )

신유형 PLUS

✚ **지구는 푸른빛**
세계 최초의 우주비행사인 유리 가가린은 우주에서 지구를 보고 "지구는 푸른빛이다."라고 말했습니다. 이처럼 지구가 푸른빛으로 보이는 이유는 물이 지구의 대부분을 차지하기 때문입니다.

유제
15
 남극 대륙을 뺀 지구 상의 6개의 대륙(유럽, 아프리카, 아시아, 오세아니아, 북아메리카, 남아메리카)에는 약 80억 명의 사람들이 살고 있습니다. 지구 전체 인구의 $\frac{3}{5}$이 아시아에 살고, 나머지 인구의 $\frac{1}{80}$이 오세아니아에 삽니다. 오세아니아에 사는 인구는 지구 전체 인구의 몇 분의 몇인지 구해 보시오.

유럽 아시아 북아메리카
아프리카 오세아니아 남아메리카

( )

유제
16
지구에 있는 물은 바닷물과 육지에 있는 물로 나뉩니다. 지구 전체 물의 $\frac{39}{40}$는 바닷물이고, 육지에 있는 물의 $\frac{105}{151}$는 빙하입니다. 빙하는 지구 전체 물의 몇 분의 몇인지 구해 보시오.

( )

1 수 카드를 한 번씩만 사용하여 진분수 3개를 만들어 곱하려고 합니다. 계산 결과가 가장 작을 때의 곱은 얼마인지 구해 보시오. (단, 분모와 분자에 각각 한 장의 카드만 사용합니다.)

$$\boxed{2}\ \boxed{3}\ \boxed{5}\ \boxed{7}\ \boxed{8}\ \boxed{9}$$

( )

비법 PLUS

2 도형의 넓이는 몇 cm^2인지 구해 보시오.

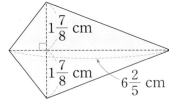

$1\dfrac{7}{8}$ cm

$1\dfrac{7}{8}$ cm $6\dfrac{2}{5}$ cm

( )

◆ 도형은 모양과 크기가 같은 삼각형 두 개로 나눌 수 있습니다.

서술형 문제

3 어떤 수에 $\dfrac{5}{6}$를 곱해야 할 것을 잘못하여 더했더니 $1\dfrac{13}{18}$이 되었습니다. 바르게 계산한 값은 얼마인지 풀이 과정을 쓰고 답을 구해 보시오.

풀이 |

답 |

4 다음 계산 결과가 자연수가 되도록 ☐ 안에 들어갈 수 있는 가장 작은 자연수를 구해 보시오.

$$\dfrac{12}{25} \times \dfrac{5}{16} \times \square$$

( )

◆ (분수)×(자연수)의 계산 결과가 자연수가 되려면 곱하는 자연수는 분모의 배수가 되어야 합니다.

5 길이가 $4\frac{9}{14}$ cm인 색 테이프 21장을 그림과 같이 $\frac{7}{8}$ cm씩 겹치게 한 줄로 이어 붙였습니다. 이어 붙인 색 테이프 전체의 길이는 몇 cm인지 구해 보시오.

비법 PLUS

✚ 색 테이프 ■장을 겹치게 이어 붙였을 때 겹쳐진 부분은 (■−1)군데입니다.

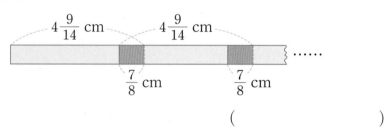

(　　　　　　　　)

6 민정이의 시계는 하루에 $1\frac{1}{6}$분씩 빨리 갑니다. 민정이의 시계를 오늘 낮 12시에 정확히 맞추어 놓았습니다. 2주일 후 낮 12시에 민정이의 시계가 가리키는 시각은 오후 몇 시 몇 분 몇 초인지 구해 보시오.

(　　　　　　　　)

7 수직선에서 $2\frac{1}{2}$과 $4\frac{1}{4}$ 사이를 8등분 한 것입니다. ㉠과 16의 곱은 얼마인지 구해 보시오.

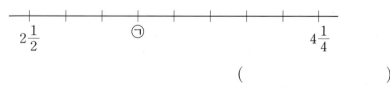

(　　　　　　　　)

8 정사각형의 가로를 처음 길이의 $\frac{1}{5}$ 만큼 늘이고, 세로를 처음 길이의 $\frac{1}{5}$ 만큼 줄여서 직사각형을 만들었습니다. 만든 직사각형의 넓이는 처음 정사각형의 넓이의 몇 분의 몇인지 구해 보시오.

( )

비법 PLUS

서술형 문제

9 길이가 360 m인 기차가 일정한 빠르기로 달리고 있습니다. 이 기차는 길이가 620 m인 터널을 완전히 통과하는 데 1분이 걸립니다. 이 기차가 4분 15초 동안 달리면 몇 m를 갈 수 있는지 풀이 과정을 쓰고 답을 구해 보시오.

풀이 |

답 |

╋ (기차가 1분 동안 달리는 거리)
= (기차의 길이)
+ (터널의 길이)

10 한별이와 승현이가 가지고 있는 돈을 모두 더하면 18000원입니다. 한별이가 가지고 있는 돈의 $\frac{1}{5}$ 과 승현이가 가지고 있는 돈의 $\frac{1}{7}$ 은 같습니다. 승현이가 가지고 있는 돈은 얼마인지 구해 보시오.

( )

창의융합형 문제

11 접시저울에 자두, 사과, 멜론을 그림과 같이 올려놓았더니 접시저울이 수평을 이루었습니다. 자두 한 개의 무게가 $48\frac{11}{12}$ g일 때 멜론 $\frac{2}{5}$통의 무게는 몇 g인지 구해 보시오. (단, 자두와 사과의 무게는 각각 같습니다.)

자두 8개　　사과 2개

멜론 1통　　사과 3개, 자두 3개

(　　　　　　)

창의융합 PLUS

➕ 접시저울
접시 모양의 판에 물건을 올려놓고 무게를 다는 저울로 수평을 이룰 때 양쪽 접시에 놓인 물건의 무게가 서로 같습니다.

12 작은 구조가 전체 구조와 비슷한 형태로 끝없이 되풀이되는 구조를 프랙털이라고 합니다. 다음은 폴란드의 수학자 시에르핀스키가 프랙털을 이용해 만든 시에르핀스키 삼각형입니다. 시에르핀스키 삼각형은 그림과 같이 정삼각형의 각 변의 한가운데 점을 서로 연결했을 때 생기는 가운데 삼각형을 제거하고, 나머지 삼각형을 같은 방법으로 반복하여 만드는 도형입니다. 첫 번째 정삼각형의 넓이를 1이라 할 때 네 번째 도형의 넓이는 얼마인지 구해 보시오.

    ……
첫 번째　　두 번째　　세 번째　　네 번째

(　　　　　　)

➕ 프랙털(fractal)
수학자 망델브로가 '쪼개다'라는 뜻을 가진 라틴어 '프락투스(fractus)'에서 따와 처음 만든 용어로 창문에 낀 성에, 동물의 혈관 등 자연의 많은 부분이 프랙털 구조입니다.

▲ 창문에 낀 성에

① 가※나＝가×나＋(가－나)×$\frac{1}{12}$로 약속할 때, 다음을 계산해 보시오.

$$12\frac{8}{9}※12$$

(   )

② 희정이와 소연이는 사탕을 한 봉지 사서 남김없이 나누어 가졌습니다. 희정이는 전체의 $\frac{4}{7}$보다 5개 더 많이 가졌고, 소연이는 전체의 $\frac{2}{5}$보다 2개 더 적게 가졌습니다. 사탕 한 봉지에 들어 있는 사탕은 모두 몇 개인지 구해 보시오.

(   )

③ 규칙에 따라 분수를 늘어놓은 것입니다. 첫 번째 분수부터 100번째 분수까지 모두 곱하면 얼마인지 구해 보시오.

$$\frac{1}{4},\ \frac{4}{7},\ \frac{7}{10},\ \frac{10}{13},\ \frac{13}{16}\ \cdots\cdots$$

(   )

4 세 분수 $\frac{11}{12}$, $4\frac{1}{8}$, $2\frac{4}{9}$에 각각 같은 기약분수를 곱하여 계산 결과가 모두 자연수가 되게 하려고 합니다. 이와 같은 기약분수 중에서 가장 작은 분수를 구해 보시오.

(   )

5 오른쪽 그림은 정사각형에서 각 변의 한가운데 점을 이어 정사각형을 계속 그린 것입니다. 색칠한 부분의 넓이는 몇 cm^2인지 구해 보시오.

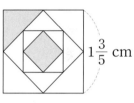

$1\frac{3}{5}$ cm

(   )

6 어떤 일을 하는 데 혜미가 혼자서 하면 9시간이 걸리고, 한샘이가 혼자서 하면 6시간이 걸린다고 합니다. 두 사람이 함께 1시간 24분 동안 이 일을 했다면 남은 일의 양은 전체 일의 양의 몇 분의 몇인지 구해 보시오. (단, 두 사람이 1시간 동안 하는 일의 양은 각각 일정합니다.)

(   )

그림을 감상해 보세요.

장 프랑수아 밀레, 「만종」, 1857~1859년

3

합동과 대칭

1 합동

합동

모양과 크기가 같아서 포개었을 때 완전히 겹치는 두 도형을 서로 합동이라고 합니다.

• 서로 합동인 두 도형을 포개었을 때 겹치는 점을 대응점, 겹치는 변을 대응변, 겹치는 각을 대응각이라고 합니다.

합동인 도형의 성질

• 각각의 대응변의 길이가 서로 같습니다.
• 각각의 대응각의 크기가 서로 같습니다.

2 선대칭도형

선대칭도형: 한 직선을 따라 접었을 때 완전히 겹치는 도형

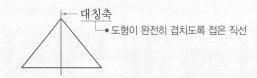

• 도형이 완전히 겹치도록 접은 직선

개념 PLUS

선대칭도형에서 대칭축은 여러 개 있을 수 있습니다.

예

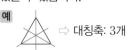 ⇨ 대칭축: 3개

선대칭도형의 성질

• 각각의 대응변의 길이와 대응각의 크기가 서로 같습니다.
• 대응점끼리 이은 선분은 대칭축과 수직으로 만납니다.
• 대칭축은 대응점끼리 이은 선분을 둘로 똑같이 나누므로 각각의 대응점에서 대칭축까지의 거리가 서로 같습니다.

3 점대칭도형

점대칭도형: 한 도형을 어떤 점을 중심으로 180° 돌렸을 때 처음 도형과 완전히 겹치는 도형

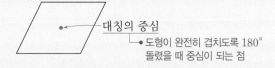

• 도형이 완전히 겹치도록 180° 돌렸을 때 중심이 되는 점

개념 PLUS

점대칭도형에서 대칭의 중심은 항상 1개입니다.

점대칭도형의 성질

• 각각의 대응변의 길이와 대응각의 크기가 서로 같습니다.
• 대칭의 중심은 대응점끼리 이은 선분을 둘로 똑같이 나누므로 각각의 대응점에서 대칭의 중심까지의 거리가 서로 같습니다.

1 서로 합동인 도형은 모두 몇 쌍입니까?

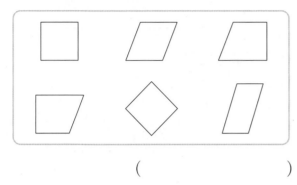

( )

2 다음 도형은 선대칭도형입니다. 대칭축은 모두 몇 개입니까?

( )

3 다음 도형은 점대칭도형입니다. 대칭의 중심을 찾아 표시해 보시오.

4 직선 ㄱㄴ을 대칭축으로 하는 선대칭도형입니다. ☐ 안에 알맞은 수를 써넣으시오.

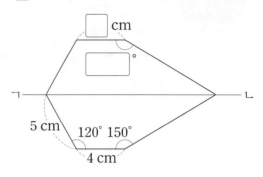

5 점대칭도형이 되도록 그림을 완성해 보시오.

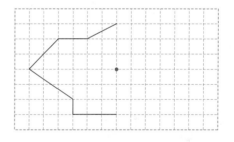

6 두 삼각형은 서로 합동입니다. 삼각형 ㄹㅁㅂ의 둘레는 몇 cm입니까?

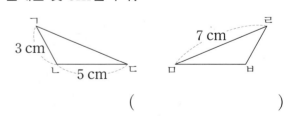

( )

상위권 문제

대표유형
01

합동인 도형에서 길이 구하기

오른쪽 삼각형 ㄱㄴㄷ과 삼각형 ㅁㄷㄹ은 서로 합동입니다. 선분 ㄴㅁ은 몇 cm인지 구해 보시오.

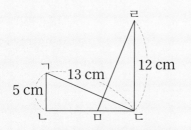

---

(1) 변 ㄴㄷ은 몇 cm입니까?

( )

(2) 변 ㅁㄷ은 몇 cm입니까?

( )

(3) 선분 ㄴㅁ은 몇 cm입니까?

( )

비법 PLUS

서로 합동인 두 도형에서 각각의 대응변의 길이가 서로 같습니다.

유제
1

오른쪽 삼각형 ㄱㄴㄷ과 삼각형 ㄴㄹㅁ은 서로 합동입니다. 선분 ㄷㅁ은 몇 cm인지 구해 보시오.

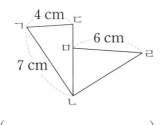

( )

유제
2

오른쪽은 서로 합동인 사각형 ㄱㄴㄷㄹ과 사각형 ㅂㅅㄷㅁ을 겹치지 않게 이어 붙여서 만든 도형입니다. 이 도형의 둘레는 몇 cm인지 구해 보시오.

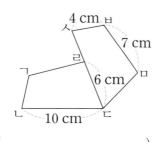

( )

대표유형 02 선대칭도형에서 각의 크기 구하기

오른쪽 사각형 ㄱㄴㄷㄹ은 직선 ㅅㅇ을 대칭축으로 하는 선대 칭도형입니다. 각 ㅁㄱㄴ은 몇 도인지 구해 보시오.

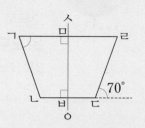

(1) 각 ㄹㄷㅂ은 몇 도입니까?

( )

(2) 각 ㄱㄴㅂ은 몇 도입니까?

( )

(3) 각 ㅁㄱㄴ은 몇 도입니까?

( )

비법 PLUS

선대칭도형에서 각각의 대응각의 크기가 서로 같습니다.

유제 **3** 오른쪽 육각형 ㄱㄴㄷㄹㅁㅂ은 직선 ㅅㅇ을 대칭축으로 하는 선대칭도형입니다. 각 ㄷㄹㅁ은 몇 도인지 구해 보시오.

( )

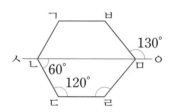

유제 **4**

서술형 문제

오른쪽 사각형 ㄱㄴㄷㄹ은 직선 ㅁㅂ을 대칭축으로 하는 선 대칭도형입니다. 각 ㄱㄴㄷ은 몇 도인지 풀이 과정을 쓰고 답 을 구해 보시오.

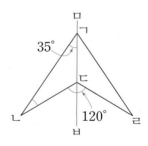

풀이 |

답 |

대표유형 03

서로 합동인 도형의 수 구하기

오른쪽 정삼각형 ㄱㄴㄷ에서 찾을 수 있는 서로 합동인 삼각형은 모두 몇 쌍인지 구해 보시오. (단, 선분 ㄴㄹ과 선분 ㄷㅁ의 길이가 서로 같습니다.)

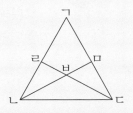

(1) 작은 도형 1개로 이루어진 서로 합동인 삼각형은 몇 쌍입니까?

(   )

(2) 작은 도형 2개로 이루어진 서로 합동인 삼각형은 몇 쌍입니까?

(   )

(3) 서로 합동인 삼각형은 모두 몇 쌍입니까?

(   )

비법 PLUS

정삼각형 ㄱㄴㄷ에서 크고 작은 삼각형은 다음과 같이 찾을 수 있습니다.

⇨ ㉡, ㉢, ㉣,
㉠+㉡, ㉣+㉢,
㉠+㉣, ㉡+㉢,
㉠+㉡+㉢+㉣

유제 5

오른쪽 평행사변형 ㄱㄴㄷㄹ에서 찾을 수 있는 서로 합동인 삼각형은 모두 몇 쌍인지 구해 보시오.

(   )

유제 6

오른쪽 이등변삼각형 ㄱㄴㄷ에서 찾을 수 있는 서로 합동인 삼각형은 모두 몇 쌍인지 구해 보시오.

(   )

대표유형 04

점대칭도형의 둘레 구하기

오른쪽은 점 ㅇ을 대칭의 중심으로 하는 점대칭도형입니다. 이 점대칭도형의 둘레는 몇 cm인지 구해 보시오.

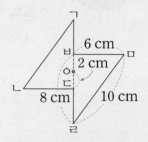

(1) 선분 ㄷㅂ은 몇 cm입니까?

( )

(2) 점대칭도형의 둘레는 몇 cm입니까?

( )

비법 PLUS

대칭의 중심은 대응점끼리 이은 선분을 둘로 똑같이 나눕니다.

 유제 7

점 ㅇ을 대칭의 중심으로 하는 점대칭도형입니다. 이 점대칭도형의 둘레는 몇 cm인지 구해 보시오.

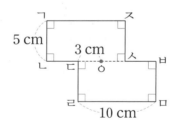

( )

 유제 8

점 ㅇ을 대칭의 중심으로 하는 점대칭도형을 완성하려고 합니다. 완성한 점대칭도형의 둘레는 몇 cm인지 구해 보시오.

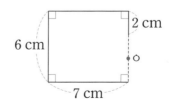

( )

대표유형 05 종이를 접은 모양에서 각의 크기 구하기

오른쪽 그림과 같이 삼각형 모양의 종이를 접었습니다. 각 ㄴㅁㄹ은 몇 도인지 구해 보시오.

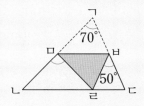

(1) 각 ㄱㅂㅁ은 몇 도입니까?

(   )

(2) 각 ㄱㅁㅂ은 몇 도입니까?

(   )

(3) 각 ㄴㅁㄹ은 몇 도입니까?

(   )

비법 PLUS

다음과 같이 종이를 접었을 때 삼각형 ㉮와 삼각형 ㉯는 서로 합동이므로 대응각의 크기가 서로 같습니다.

유제 9 오른쪽 그림과 같이 직사각형 모양의 종이를 접었습니다. 각 ㄱㅂㄴ은 몇 도인지 구해 보시오.

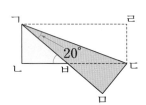

(   )

유제 10 서술형 문제

오른쪽 그림과 같이 직사각형 모양의 종이를 접었습니다. 각 ㅂㅈㅇ은 몇 도인지 풀이 과정을 쓰고 답을 구해 보시오.

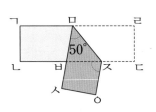

풀이 |

답 |

신유형
06

삼각형의 넓이 구하기

지유는 오른쪽과 같이 상자에 한지를 붙여 보석함을 만들고 있습니다. 이 보석함의 마지막 한 면 ㉮만 한지를 붙이면 완성됩니다. 지유에게 필요한 한지의 넓이는 몇 cm^2인지 구해 보시오.

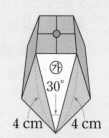

(1) 보석함의 마지막 한 면 ㉮를 삼각형 ㄱㄴㄷ이라 할 때 오른쪽은 선분 ㄷㄴ을 대칭축으로 하는 선대칭도형을 그린 것입니다. □ 안에 알맞은 수를 써넣으시오.

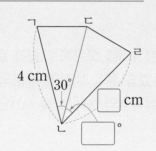

신유형 PLUS

선대칭도형에서 대칭축으로 나누어진 두 부분은 서로 합동입니다.

(2) 위 (1)의 선대칭도형에서 점 ㄱ과 점 ㄹ을 이었을 때 만들어지는 삼각형 ㄱㄴㄹ은 어떤 삼각형이고 변 ㄱㄹ은 몇 cm입니까?

(,)

(3) 지유에게 필요한 한지의 넓이는 몇 cm^2입니까?

( )

유제
11

성현이는 오른쪽과 같이 장식품을 만들고 있습니다. 이 장식품의 마지막 한 면 ㉮만 색종이를 붙이면 완성됩니다. 성현이에게 필요한 색종이의 넓이는 몇 cm^2인지 구해 보시오.

( )

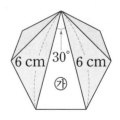

상위권 문제 확인과 응용

비법 PLUS

1 오른쪽 삼각형 ㄱㄴㄷ은 선분 ㄴㄹ을 대칭축으로 하는 선대칭도형입니다. 삼각형 ㄱㄴㄷ의 둘레가 44 cm일 때 변 ㄱㄴ은 몇 cm인지 구해 보시오.

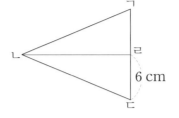

(   )

2 서로 합동인 정삼각형 4개를 오른쪽 그림과 같이 붙여 큰 정삼각형을 만들었습니다. 색칠한 부분의 둘레가 20 cm일 때 큰 정삼각형의 둘레는 몇 cm인지 구해 보시오.

(   )

✚ 색칠한 부분의 둘레를 이용하여 작은 정삼각형의 한 변의 길이를 구합니다.

3 오른쪽은 원의 중심 ㅇ을 대칭의 중심으로 하는 점대칭도형입니다. 각 ㅇㄹㄷ은 몇 도인지 구해 보시오.

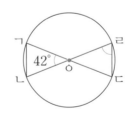

(   )

✚ 원의 반지름은 모두 같으므로 삼각형 ㅇㄷㄹ이 어떤 삼각형인지 알아봅니다.

4 삼각형 ㄱㄴㄷ과 삼각형 ㄹㄷㄴ은 서로 합동입니다. 각 ㄴㄹㄷ은 몇 도인지 구해 보시오.

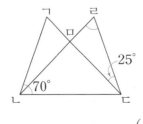

(   )

서술형 문제

5 선분 ㄱㄷ을 대칭축으로 하는 선대칭도형을 완성하려고 합니다. 완성한 선대칭도형의 넓이는 몇 cm²인지 풀이 과정을 쓰고 답을 구해 보시오.

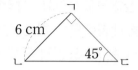

풀이 |

_____

_____

답 |

비법 PLUS

✚ 선대칭도형에서 대칭축으로 나누어진 두 부분은 서로 합동입니다.

6 점 ㅇ을 대칭의 중심으로 하는 점대칭도형을 완성하려고 합니다. 완성한 점대칭도형의 넓이는 몇 cm²인지 구해 보시오.

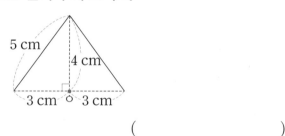

(   )

✚ 점대칭도형에서 대칭의 중심은 대응점끼리 이은 선분을 둘로 똑같이 나눕니다.

7 다음 도형은 이등변삼각형 ㄱㄴㄷ에 변 ㄴㄷ과 평행한 선분 ㄹㅁ을 그은 다음 변 ㄴㄷ을 셋으로 똑같이 나누어 선분 ㄱㅂ과 선분 ㄱㅅ을 그은 것입니다. 그림에서 찾을 수 있는 서로 합동인 삼각형은 모두 몇 쌍인지 구해 보시오.

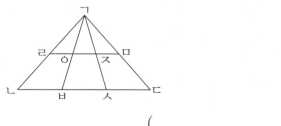

(   )

8 오른쪽 도형에서 사각형 ㄱㄴㄷㅁ은 선분 ㅁㄴ을 대칭축으로 하는 선대칭도형이고, 삼각형 ㅁㄴㄹ은 선분 ㅁㄷ을 대칭축으로 하는 선대칭도형입니다. 각 ㄱㅁㄴ은 몇 도인지 구해 보시오.

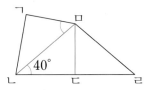

(   )

서술형 문제

9 오른쪽은 점 ㅇ을 대칭의 중심으로 하는 점대칭도형입니다. 이 점대칭도형의 둘레가 32 cm일 때 변 ㄱㄴ은 몇 cm인지 풀이 과정을 쓰고 답을 구해 보시오.

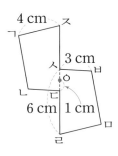

풀이 |

_____

_____

답 | _____

10 그림과 같이 직사각형 모양의 종이를 접었습니다. 처음 종이의 넓이는 몇 cm²인지 구해 보시오.

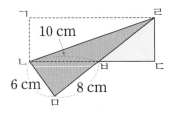

(   )

◆ 직사각형 모양의 종이를 접은 그림에서 먼저 서로 합동인 삼각형을 모두 찾아봅니다.

💡 창의융합형 문제

11 우리나라에서 밤에 별을 보면 별들이 북극성을 중심으로 한 시간에 15°씩 시계 반대 방향으로 회전하는 것처럼 보입니다. 다음은 북극성 ㄱ과 북극성의 주변에 있는 2개의 별 ㄴ, ㄷ을 이어 만든 삼각형 ㄱㄴㄷ과 이 별들을 한 시간 뒤 다시 이어 만든 삼각형 ㄱㄹㅁ을 축소하여 그린 것입니다. 각 ㄱㅇㄹ은 몇 도인지 구해 보시오. (단, 별과 별 사이의 간격은 변하지 않습니다.)

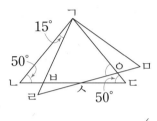

(   )

창의융합 PLUS

➕ **별의 일주운동**
하늘의 별들이 하루에 한 바퀴 회전하는 운동입니다. 실제 하늘의 별은 고정되어 있는데 지구가 하루에 한 바퀴씩 돌기 때문에 별이 회전하는 것처럼 보이는 것입니다.

12 디지털시계는 바늘을 사용하지 않고 숫자로 시각을 나타내는 시계입니다. 오전 2시 20분과 같이 디지털시계를 한 점을 중심으로 180° 돌렸을 때 같은 시각인 2시 20분이 나오는 것을 점대칭도형인 시각이라고 합니다. 이와 같이 디지털시계가 하루 동안 점대칭도형인 시각을 나타내는 경우는 모두 몇 번 있는지 구해 보시오. (단, 밤 12시는 `00:00` 로, 오후 1시는 `13:00` 로 나타냅니다.)

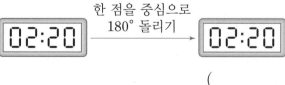
한 점을 중심으로 180° 돌리기

(   )

➕ **디지털시계**
태엽을 사용하여 시곗바늘로 시각을 나타내는 아날로그시계와 달리 전자회로를 사용하여 액정 화면에 숫자로 시각을 나타내는 시계입니다.

1 오른쪽 삼각형 ㄱㄴㄷ은 선분 ㄱㄹ을 대칭축으로 하는 선대칭도형이고, 삼각형 ㅂㄱㄴ은 선분 ㅁㅂ을 대칭축으로 하는 선대칭도형입니다. 각 ㄴㅂㄷ은 몇 도인지 구해 보시오.

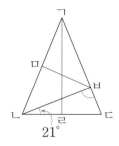

( )

2 오른쪽 그림은 정사각형 모양의 종이를 반으로 접은 선분 위의 한 점 ㅅ에서 정사각형의 꼭짓점 ㄴ과 꼭짓점 ㄷ이 서로 맞닿도록 접은 것입니다. 각 ㅅㅁㅂ은 몇 도인지 구해 보시오.

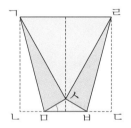

( )

3 오른쪽 그림은 직선 가 위에 서로 합동인 삼각형 ㄱㄴㄷ과 삼각형 ㄹㅁㅂ을 그린 것입니다. 직사각형 ㄱㄷㅂㄹ의 넓이는 몇 cm²인지 구해 보시오.

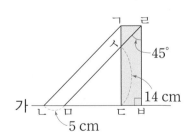

( )

빠른 정답 4쪽 ——— 정답과 풀이 24쪽

4 직선 ㅁㅂ을 대칭축으로 하는 선대칭도형을 완성하려고 합니다. 각 ㄱㄴㄷ의 크기가 각 ㄹㄱㄴ의 크기의 2배일 때 완성한 선대칭도형의 둘레는 몇 cm인지 구해 보시오.

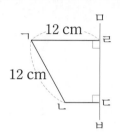

( )

5 오른쪽은 점 ㅇ을 대칭의 중심으로 하는 점대칭도형입니다. 사각형 ㄱㄴㄷㄹ이 직사각형이고 변 ㄴㅁ의 길이와 선분 ㅁㅇ의 길이가 같을 때, 색칠한 부분의 넓이는 몇 cm²인지 구해 보시오.

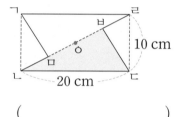

( )

6 오른쪽 도형은 직선 가와 직선 나 모두를 대칭축으로 하는 선대칭도형입니다. 각 ㉠은 몇 도인지 구해 보시오.

( )

그림을 감상해 보세요.

폴 세잔, 「사과와 오렌지」, 1895~1900년

4

소수의 곱셈

핵심 개념과 문제

1 (소수) × (자연수)

• 1.5 × 3의 계산

방법 1 덧셈식으로 계산하기

$$1.5 \times 3 = \underbrace{1.5 + 1.5 + 1.5}_{3번} = 4.5$$

방법 2 분수의 곱셈으로 계산하기

$$1.5 \times 3 = \frac{15}{10} \times 3 = \frac{15 \times 3}{10} = \frac{45}{10} = 4.5$$

방법 3 0.1의 개수로 계산하기

$$1.5 \times 3 = 0.1 \times 15 \times 3 = 0.1 \times 45$$

➡ 0.1이 모두 45개이므로 1.5 × 3 = 4.5입니다.

2 (자연수) × (소수)

• 2 × 1.4의 계산
  └• 1.4 = 1 + 0.4

방법 1 그림으로 계산하기

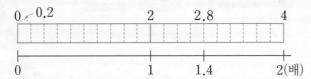

2의 1배는 2이고, 2의 0.4배는 0.8이므로 2의 1.4배는
2 + 0.8 = 2.8입니다.

방법 2 분수의 곱셈으로 계산하기

$$2 \times 1.4 = 2 \times \frac{14}{10} = \frac{2 \times 14}{10} = \frac{28}{10} = 2.8$$

방법 3 자연수의 곱셈으로 계산하기

$$2 \times 14 = 28$$

$$\underset{\frac{1}{10}배}{\quad} \quad \underset{\frac{1}{10}배}{\quad}$$

$$2 \times 1.4 = 2.8$$

참고 소수의 곱셈은 자연수의 곱셈과 같이 곱해지는 수와 곱하는 수의 순서를
바꾸어도 곱의 결과는 같습니다.

예 2 × 1.4 = 1.4 × 2 = 2.8

개념 PLUS ➕

• (자연수) × (1보다 작은 소수)의
  계산 결과는 처음 자연수보다
  작습니다.

  예 $\underset{3 > 2.4}{3 \times 0.8 = 2.4}$

• (자연수) × (1보다 큰 소수)의
  계산 결과는 처음 자연수보다
  큽니다.

  예 $\underset{5 < 8.5}{5 \times 1.7 = 8.5}$

1 계산 결과가 같은 것끼리 선으로 이어 보시오.

0.9×4 •

4.35×8 •

• 3.48

• 34.8

• 3.6

2 계산 결과를 잘못 설명한 부분을 찾아 바르게 고쳐 보시오.

30×1.53은 30과 1.5의 곱으로 어림할 수 있으므로 결과는 4.5 정도가 됩니다.

바르게 고치기 | _____

_____

_____

3 지민이는 매일 우유를 0.19 L씩 마셨습니다. 지민이가 2주 동안 마신 우유는 몇 L입니까?

( )

4 계산 결과가 3보다 큰 것을 모두 찾아 기호를 써 보시오.

㉠ 4×0.89 ㉡ 5×0.56
㉢ 7×0.43 ㉣ 8×0.31

( )

5 윤아의 몸무게는 수호의 몸무게의 0.85배이고, 서준이의 몸무게는 윤아의 몸무게의 1.25배입니다. 수호의 몸무게가 40 kg이라면 서준이의 몸무게는 몇 kg입니까?

( )

6 현우에게 줄 생일 선물로 지우는 20.35 g짜리 사탕 8개를 샀고, 민서는 9.5 g짜리 젤리 20개를 샀습니다. 누가 산 선물이 몇 g 더 무겁습니까?

(,)

3 (소수)×(소수)

• 2.3×1.6의 계산

방법 1 분수의 곱셈으로 계산하기

$$2.3 \times 1.6 = \frac{23}{10} \times \frac{16}{10} = \frac{368}{100} = 3.68$$

방법 2 자연수의 곱셈으로 계산하기

$$23 \times 16 = 368$$

$\frac{1}{10}$배 $\frac{1}{10}$배 $\frac{1}{100}$배

$$2.3 \times 1.6 = 3.68$$

방법 3 소수의 크기를 생각하여 계산하기

23×16=368인데 2.3에 1.6을 곱하면 2.3보다 조금 큰 값이 나와야 하므로 2.3×1.6=3.68입니다.

4 곱의 소수점 위치

◉ 자연수와 소수의 곱셈에서 곱의 소수점 위치의 규칙 찾기

• 소수에 10, 100, 1000을 곱하기

$$1.245 \times 10 = 12.45$$
$$1.245 \times 100 = 124.5$$
$$1.245 \times 1000 = 1245$$

곱하는 수의 0이 하나씩 늘어날 때마다 곱의 소수점이 오른쪽으로 한 칸씩 옮겨집니다.

• 자연수에 0.1, 0.01, 0.001을 곱하기

$$1245 \times 0.1 = 124.5$$
$$1245 \times 0.01 = 12.45$$
$$1245 \times 0.001 = 1.245$$

곱하는 소수의 소수점 아래 자리 수가 하나씩 늘어날 때마다 곱의 소수점이 왼쪽으로 한 칸씩 옮겨집니다.

◉ 소수끼리의 곱셈에서 곱의 소수점 위치의 규칙 찾기

$$9 \times 7 = 63$$
$$0.9 \times 0.7 = 0.63$$
$$0.9 \times 0.07 = 0.063$$
$$0.09 \times 0.07 = 0.0063$$

곱하는 두 수의 소수점 아래 자리 수를 더한 값만큼 곱의 소수점이 왼쪽으로 옮겨집니다.

개념PLUS

곱의 소수점을 옮길 자리가 없으면 0을 채우면서 소수점을 옮깁니다.

예 $0.35 \times 1000 = 350$
$26 \times 0.001 = 0.026$

1 가장 큰 수와 가장 작은 수의 곱을 구해 보시오.

| 0.9 | 0.15 | 0.94 | 0.06 |

( )

2 $32 \times 157 = 5024$입니다. 3.2×15.7의 값을 어림하여 결괏값에 소수점을 찍어 보시오.

$3.2 \times 15.7 = 5\ 0\ 2\ 4$

3 ☐ 안에 알맞은 수가 다른 것을 찾아 기호를 써 보시오.

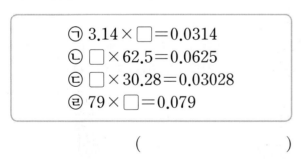

㉠ $3.14 \times \square = 0.0314$
㉡ $\square \times 62.5 = 0.0625$
㉢ $\square \times 30.28 = 0.03028$
㉣ $79 \times \square = 0.079$

( )

4 머핀 0.5 kg의 0.22만큼이 지방 성분입니다. 머핀 0.5 kg에는 지방 성분이 몇 kg입니까?

( )

5 희주가 가지고 있는 리본의 길이는 37.6 cm 이고, 진성이가 가지고 있는 리본의 길이는 0.349 m입니다. 누가 가지고 있는 리본이 더 깁니까?

( )

6 다음 정사각형의 모든 변의 길이를 각각 1.2배씩 늘여 새로운 정사각형을 만들었습니다. 새로운 정사각형의 넓이는 몇 m²입니까?

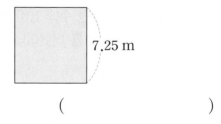

7.25 m

( )

상위권 문제

대표유형 01

바르게 계산한 값 구하기

어떤 수에 3.72를 곱해야 할 것을 잘못하여 어떤 수에서 3.72를 뺐더니 0.78이 되었습니다. 바르게 계산한 값은 얼마인지 구해 보시오.

(1) 어떤 수는 얼마입니까?

(   )

(2) 바르게 계산한 값은 얼마입니까?

(   )

비법 PLUS

덧셈과 뺄셈의 관계를 이용합니다.
(어떤 수)−▲=★
⇨ (어떤 수)=★+▲

유제 1

7.04에 어떤 수를 곱해야 할 것을 잘못하여 7.04에 어떤 수를 더했더니 9.79가 되었습니다. 바르게 계산한 값은 얼마인지 구해 보시오.

(   )

유제 2

어떤 수에 1.83을 더한 후 6.4를 곱해야 할 것을 잘못하여 어떤 수에서 1.83을 뺀 후 6.4를 더했더니 8.35가 되었습니다. 바르게 계산한 값은 얼마인지 구해 보시오.

(   )

대표유형 02

도형의 넓이 구하기

오른쪽 도형의 넓이는 몇 cm^2인지 구해 보시오.

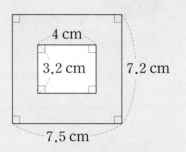

(1) 큰 직사각형과 작은 직사각형의 넓이는 각각 몇 cm^2 입니까?

큰 직사각형 (   )

작은 직사각형 (   )

(2) 도형의 넓이는 몇 cm^2입니까?

(   )

비법 PLUS

(도형의 넓이)
=(큰 직사각형의 넓이)
 −(작은 직사각형의
　넓이)

3 도형의 넓이는 몇 cm^2인지 구해 보시오.

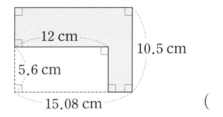

(   )

4 도형의 넓이는 몇 cm^2인지 구해 보시오.

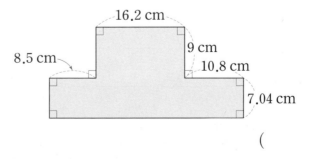

(   )

대표유형 03 범위에 알맞은 수 구하기

□ 안에 들어갈 수 있는 자연수를 모두 구해 보시오.

$$0.7 \times 12 < \square < 2.05 \times 6$$

(1) 0.7×12와 2.05×6을 계산해 보시오.

$$0.7 \times 12 = \boxed{}$$

$$2.05 \times 6 = \boxed{}$$

(2) □ 안에 들어갈 수 있는 자연수를 모두 구해 보시오.

( )

비법 PLUS

㉠<□<㉡에서 □는 ㉠보다 크고 ㉡보다 작은 수입니다.

유제 5 □ 안에 들어갈 수 있는 모든 자연수의 합을 구해 보시오.

$$320 \times 0.06 < \square < 21 \times 1.18$$

( )

유제 6 서술형 문제

□ 안에 들어갈 수 있는 자연수는 모두 몇 개인지 풀이 과정을 쓰고 답을 구해 보시오.

$$5.6 \times 3.41 < \square < 20.5 \times 1.7$$

풀이 |

답 |

사용한 휘발유의 양 구하기

1 km를 달리는 데 0.09 L의 휘발유를 사용하는 자동차가 있습니다. 이 자동차가 한 시간에 85 km를 가는 빠르기로 2시간 30분 동안 달렸다면 사용한 휘발유는 몇 L인지 구해 보시오.

(1) □ 안에 알맞은 소수를 써넣으시오.

$$2시간 30분 = \boxed{}시간$$

(2) 2시간 30분 동안 달린 거리는 몇 km입니까?

(   )

(3) 사용한 휘발유는 몇 L입니까?

(   )

비법 PLUS

60분=1시간

⇨ ■분=$\dfrac{■}{60}$시간

⇨ ▲시간 ■분

  =▲$\dfrac{■}{60}$시간

7 1 km를 달리는 데 0.08 L의 휘발유를 사용하는 자동차가 있습니다. 이 자동차가 한 시간에 106 km를 가는 빠르기로 1시간 45분 동안 달렸다면 사용한 휘발유는 몇 L 인지 구해 보시오.

(   )

8 1 km를 달리는 데 0.12 L의 휘발유를 사용하는 자동차가 있습니다. 이 자동차가 한 시간에 95 km를 가는 빠르기로 3시간 12분 동안 달렸다면 사용한 휘발유는 몇 L인지 구해 보시오.

(   )

대표유형 05

수 카드로 만든 두 소수의 곱 구하기

3장의 수 카드 1 , 2 , 6 을 한 번씩 모두 사용하여 소수를 만들려고 합니다. 만들 수 있는 가장 큰 소수 두 자리 수와 가장 작은 소수 한 자리 수의 곱을 구해 보시오.

(1) 3장의 수 카드로 가장 큰 소수 두 자리 수와 가장 작은 소수 한 자리 수를 각각 만들어 보시오.

가장 큰 소수 두 자리 수 (   )

가장 작은 소수 한 자리 수 (   )

(2) 위 (1)에서 만든 두 소수의 곱을 구해 보시오.

(   )

> **비법 PLUS**
>
> ✚ 세 수가 ■ > ▲ > ★ 일 때 소수 만들기
> • 가장 큰 소수 두 자리 수
> ⇨ ■.▲★
> • 가장 작은 소수 한 자리 수
> ⇨ ★▲.■

유제 9

3장의 수 카드 5 , 3 , 4 를 한 번씩 모두 사용하여 소수를 만들려고 합니다. 만들 수 있는 둘째로 큰 소수 한 자리 수와 가장 작은 소수 두 자리 수의 곱을 구해 보시오.

(   )

유제 10

서술형 문제

4장의 수 카드 7 , 0 , 8 , 5 중 3장을 골라 한 번씩 모두 사용하여 소수 두 자리 수를 만들려고 합니다. 만들 수 있는 가장 큰 수와 가장 작은 수의 곱은 얼마인지 풀이 과정을 쓰고 답을 구해 보시오.

풀이 |

답 |

대표유형 06 공이 튀어 오른 높이 구하기

떨어진 높이의 0.5배만큼 튀어 오르는 공이 있습니다. 이 공을 10 m 높이에서 바닥에 수직으로 떨어뜨렸을 때 공이 셋째로 튀어 오른 높이는 몇 m인지 구해 보시오. (단, 공은 바닥에서 수직으로 튀어 오릅니다.)

(1) 공이 첫째로 튀어 오른 높이는 몇 m입니까?

(　　　　　)

(2) 공이 둘째로 튀어 오른 높이는 몇 m입니까?

(　　　　　)

(3) 공이 셋째로 튀어 오른 높이는 몇 m입니까?

(　　　　　)

> **비법 PLUS**
>
> (공이 튀어 오른 높이)
> ＝(공이 떨어진 높이)
> ×0.5

유제 11 떨어진 높이의 0.45배만큼 튀어 오르는 공이 있습니다. 이 공을 8 m 높이에서 바닥에 수직으로 떨어뜨렸을 때 공이 셋째로 튀어 오른 높이는 몇 m인지 구해 보시오. (단, 공은 바닥에서 수직으로 튀어 오릅니다.)

(　　　　　)

유제 12 떨어진 높이의 0.6배만큼 튀어 오르는 공이 있습니다. 이 공을 15 m 높이에서 바닥에 수직으로 떨어뜨렸다면 공이 둘째로 튀어 오를 때까지 움직인 거리는 모두 몇 m인지 구해 보시오. (단, 공은 바닥에서 수직으로 튀어 오릅니다.)

(　　　　　)

대표유형 07 소수의 곱셈에서 규칙 찾기

다음을 보고 0.2를 40번 곱했을 때 곱의 소수 40째 자리 숫자는 무엇인지 구해 보시오.

$$0.2=0.2$$
$$0.2\times0.2=0.04$$
$$0.2\times0.2\times0.2=0.008$$
$$0.2\times0.2\times0.2\times0.2=0.0016$$
$$0.2\times0.2\times0.2\times0.2\times0.2=0.00032$$
$$0.2\times0.2\times0.2\times0.2\times0.2\times0.2=0.000064$$
$$\vdots$$

(1) 0.2를 40번 곱하면 곱은 소수 몇 자리 수가 됩니까?

( )

(2) 소수점 아래 끝자리 숫자가 반복되는 규칙을 찾아 써 보시오.

규칙 |

(3) 0.2를 40번 곱했을 때 곱의 소수 40째 자리 숫자는 무엇입니까?

( )

> **비법 PLUS**
>
> 소수 한 자리 수를 ■번 곱하면 곱은 소수 ■자리 수가 됩니다.

유제 13 다음을 보고 0.8을 60번 곱했을 때 곱의 소수 60째 자리 숫자는 무엇인지 구해 보시오.

$$0.8=0.8$$
$$0.8\times0.8=0.64$$
$$0.8\times0.8\times0.8=0.512$$
$$0.8\times0.8\times0.8\times0.8=0.4096$$
$$0.8\times0.8\times0.8\times0.8\times0.8=0.32768$$
$$0.8\times0.8\times0.8\times0.8\times0.8\times0.8=0.262144$$
$$\vdots$$

( )

신유형
08

무늬의 둘레에 사용할 띠의 길이 구하기

오른쪽과 같이 한 변의 길이가 8.5 cm인 정삼각형 모양의 타일을 겹치지 않게 이어 붙여 무늬를 만들려고 합니다. 타일 12개를 사용하여 둘레가 가장 짧도록 무늬를 만든 후 무늬의 둘레에 노란 띠를 겹치지 않게 붙여 경계를 표시하려고 합니다. 무늬의 둘레에 사용할 노란 띠는 몇 cm인지 구해 보시오.

8.5 cm

(1) 타일 12개를 사용하여 둘레가 가장 짧도록 만든 무늬를 그려 보시오.

신유형 PLUS

도형의 맞닿는 변이 많을수록 둘레가 짧습니다.

예 정삼각형 6개로 무늬 만들기

무늬	둘레를 이루는 변의 수
	6개
	8개

(2) 위 (1)에서 만든 무늬의 둘레에 사용할 노란 띠는 몇 cm입니까?

(   )

유제
14

오른쪽과 같이 한 변의 길이가 6.2 cm인 정삼각형 모양의 블록을 겹치지 않게 이어 붙여 무늬를 만들려고 합니다. 블록 10개를 사용하여 둘레가 가장 짧도록 무늬를 만든 후 무늬의 둘레에 파란 띠를 겹치지 않게 붙여 경계를 표시하려고 합니다. 무늬의 둘레에 사용할 파란 띠는 몇 cm인지 구해 보시오.

6.2 cm

(   )

유제
15

오른쪽과 같이 한 변의 길이가 4.25 cm인 정사각형 모양의 블록을 겹치지 않게 이어 붙여 무늬를 만들려고 합니다. 블록 16개를 사용하여 둘레가 가장 짧도록 무늬를 만든 후 무늬의 둘레에 빨간 띠를 겹치지 않게 붙여 경계를 표시하려고 합니다. 무늬의 둘레에 사용할 빨간 띠는 몇 cm인지 구해 보시오.

4.25 cm

(   )

1 ㉠은 ㉡의 몇 배인지 구해 보시오.

$$\cdot 3.65 \times ㉠ = 0.365 \qquad \cdot 602.5 \times ㉡ = 6025$$

(   )

비법 PLUS

✚ 소수점이 왼쪽 또는 오른쪽으로 몇 칸 옮겨져서 곱이 나왔는지 나타내어 봅니다.

2 밀가루 3 kg의 가격표가 다음과 같이 찢어져 있을 때 1000원짜리 지폐가 최소 몇 장 있어야 밀가루 3 kg을 살 수 있는지 구해 보시오.

> 00원
> 1 g당 2.4원
> 밀가루 3 kg

(   )

서술형 문제

3 7182에 어떤 수를 곱했더니 7.182가 되었습니다. 10.9에 어떤 수를 곱한 값은 얼마인지 풀이 과정을 쓰고 답을 구해 보시오.

풀이 |

답 |

4 종현이는 은행에서 우리나라 돈을 중국 돈으로 바꾸려고 합니다. 바꾸는 날의 환율은 중국 돈 1위안(CNY)이 우리나라 돈 165.4원이고, 우리나라 돈을 중국 돈 1위안으로 바꾸는 데 수수료가 8.35원 든다고 합니다. 중국 돈 1400위안으로 바꾸려면 우리나라 돈으로 얼마를 내야 하는지 구해 보시오.

(   )

✚ 먼저 우리나라 돈을 중국 돈 1위안으로 바꿀 때 필요한 전체 금액을 알아봅니다.

5 주어진 직사각형의 둘레를 한 변의 길이로 하는 정육각형이 있습니다. 이 정육각형의 둘레는 몇 cm인지 구해 보시오.

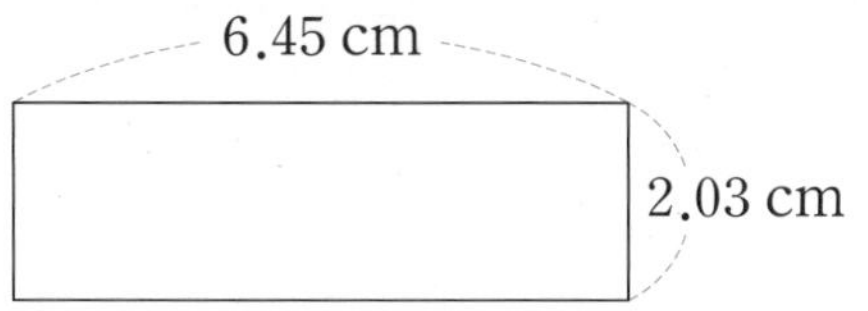

6.45 cm

2.03 cm

(   )

비법 PLUS

● (직사각형의 둘레)
 =(가로＋세로)×2
● (정육각형의 둘레)
 =(한 변의 길이)×6

서술형 문제

6 주원이네 초등학교 전체 학생 수의 0.48배가 여학생이고, 여학생의 0.25배가 안경을 썼습니다. 주원이네 초등학교 전체 학생 수가 1800명일 때 안경을 쓰지 <u>않은</u> 여학생은 몇 명인지 풀이 과정을 쓰고 답을 구해 보시오.

풀이 |

답 |

7 현지는 한 시간에 3.2 km를 걷고, 재우는 한 시간에 4.8 km를 걷습니다. 현지와 재우가 곧은 도로의 양 끝에서 서로 마주 보고 동시에 출발하여 쉬지 않고 걸으면 2시간 15분 후에 만난다고 합니다. 도로의 길이는 몇 km인지 구해 보시오. (단, 두 사람이 걷는 빠르기는 각각 일정합니다.)

(   )

(전체 걸은 거리)
 =(한 시간에 걸은 거리)
  ×(걸은 시간)

8 다음과 같이 약속할 때 $(8.2 \blacklozenge 1.7) \blacklozenge 0.35$를 계산해 보시오.

$$㉠ \blacklozenge ㉡ = (㉠ + ㉡) \times (㉠ - ㉡)$$

(   )

9 평행사변형 모양의 종이를 폭이 일정하게 잘라 낸 것입니다. 잘라 내고 남은 부분의 넓이는 몇 cm^2인지 구해 보시오.

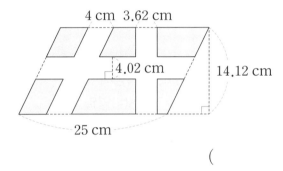

(   )

➕ 잘라 내고 남은 부분을 모으면 어떤 모양이 되는지 알아봅니다.

10 떨어진 높이의 0.8배만큼 튀어 오르는 공이 있습니다. 이 공을 4.5 m 높이에서 그림과 같은 계단 모양의 땅에 떨어뜨렸을 때 공이 셋째로 튀어 오른 높이는 몇 m인지 구해 보시오.

4.5 m

0.5 m

0.5 m

0.5 m

□ m

(   )

➕ 공이 튀어 오른 후 떨어진 높이는 튀어 오른 높이보다 0.5 m 더 높습니다.

창의융합형 문제

11 지구의 반지름을 1로 보았을 때 화성의 반지름은 0.5이고, 목성의 반지름은 11.2입니다. 지구의 반지름이 6400 km이면 화성의 반지름과 목성의 반지름의 합은 몇 km인지 구해 보시오.

▲ 태양계 행성

(   )

12 소리는 기온이 15 °C일 때 1초에 340 m를 이동하고, 기온이 1 °C 올라갈 때마다 1초에 0.6 m씩 빠르기가 증가합니다. 민준이는 기온이 23 °C일 때 번개를 보고 나서 3초 후에 천둥소리를 들었습니다. 민준이가 있는 곳은 번개가 친 곳에서 몇 m 떨어진 곳인지 구해 보시오.

▲ 번개

(   )

1 4장의 수 카드 8, 1, 6, 3을 한 번씩 모두 사용하여 다음과 같은 곱셈식을 만들려고 합니다. 곱이 가장 클 때의 곱을 구해 보시오.

$$\square.\square \times \square.\square$$

(   )

2 0.3을 90번 곱했을 때 곱의 소수 90째 자리 숫자는 무엇인지 구해 보시오.

(   )

3 1분에 16.4 L의 물을 받을 수 있는 수도꼭지와 1분에 1.09 L의 물을 뺄 수 있는 수도꼭지가 연결된 통이 있습니다. 통에 처음 50 L의 물이 들어 있었다면 두 수도꼭지를 동시에 튼 지 9분 12초 후에 통에 담겨 있는 물은 몇 L인지 구해 보시오. (단, 통의 물은 넘치지 않았습니다.)

(   )

4 ㉮ 자동차는 한 시간에 80.5 km씩 달리고, ㉯ 자동차는 30분에 48.1 km씩 달립니다. 이와 같은 빠르기로 두 자동차가 같은 장소에서 동시에 출발하여 서로 반대 방향으로 2시간 36분 동안 달렸다면 두 자동차 사이의 거리는 몇 km인지 구해 보시오. (단, 자동차의 길이는 생각하지 않습니다.)

( )

5 직사각형 ㄱㄴㄷㄹ에서 색칠한 부분의 넓이는 몇 cm^2인지 구해 보시오.

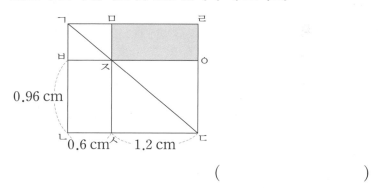

( )

6 놀이공원에서 꼬마 기차가 1분에 58 m를 달리는 빠르기로 길이가 80 m인 다리를 완전히 통과하는 데 1분 51초가 걸렸습니다. 이 꼬마 기차가 같은 빠르기로 길이가 204.7 m인 터널을 완전히 통과하는 데 걸리는 시간은 몇 분인지 구해 보시오.

( )

그림을 감상해 보세요.

조르주 피에르 쇠라, 「그랑드 자트 섬의 일요일 오후」, 1884~1886년

5

직육면체

핵심 개념과 문제

 ① 직육면체와 정육면체

• **직육면체**: 직사각형 6개로 둘러싸인 도형

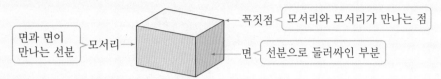

꼭짓점 ◁ 모서리와 모서리가 만나는 점
면과 면이 만나는 선분 → 모서리
면 ◁ 선분으로 둘러싸인 부분

• **정육면체**: 정사각형 6개로 둘러싸인 도형

참고 • **직육면체와 정육면체의 공통점과 차이점**

	면의 수(개)	모서리의 수(개)	꼭짓점의 수(개)	면의 모양	모서리의 길이
직육면체	6	12	8	직사각형	4개씩 3쌍의 길이가 같습니다.
정육면체	6	12	8	정사각형	모두 같습니다.

└─── 공통점 ───┘ └── 차이점 ──┘

• **직육면체와 정육면체의 관계**
정사각형은 직사각형이라고 할 수 있으므로 정육면체는 직육면체라고 할 수 있습니다.

 ② 직육면체의 성질

• **직육면체의 밑면**: 직육면체에서 계속 늘여도 만나지 않는 서로 평행한 두 면

밑면 →

→ 직육면체에는 평행한 면이 3쌍 있고, 이 평행한 면은 각각 밑면이 될 수 있습니다.

• **직육면체의 옆면**: 직육면체에서 밑면과 수직인 면

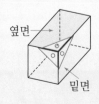

옆면 →

밑면 →

→ 파란색 면과 수직인 보라색 면은 모두 4개입니다.

초 6-1 연계

• **각기둥**: 위와 아래에 있는 면이 서로 평행하고 합동인 다각형으로 이루어진 입체도형
• 각기둥에서 서로 평행하고 합동인 두 면을 밑면이라 하고, 각기둥은 밑면의 모양에 따라 이름이 정해집니다.

삼각기둥   사각기둥   오각기둥

개념 PLUS ➕

| 직육면체와 정육면체의 관계 |

직육면체	○	○
정육면체	×	○

직사각형은 정사각형이라고 할 수 없으므로 직육면체는 정육면체라고 할 수 없습니다.

1 그림을 보고 직육면체를 모두 찾아보시오.

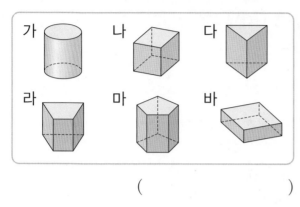

(   )

2 직육면체에서 색칠한 면과 수직인 면을 모두 찾아보시오.

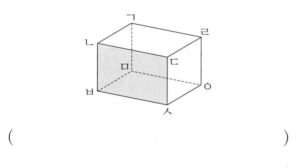

(   )

3 도형이 직육면체가 <u>아닌</u> 이유를 써 보시오.

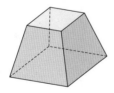

이유 |
_____

_____

4 직육면체와 정육면체에 대한 설명으로 <u>틀린</u> 것은 어느 것입니까? (   )

① 직육면체는 직사각형 6개로 둘러싸인 도형입니다.

② 정육면체는 모든 모서리의 길이가 같습니다.

③ 직육면체와 정육면체는 면, 모서리, 꼭짓점의 수가 각각 같습니다.

④ 직육면체는 정육면체라고 할 수 있습니다.

⑤ 정육면체는 직육면체라고 할 수 있습니다.

5 직육면체에서 색칠한 면과 평행한 면을 찾아 색칠하고, 그 면의 모서리의 길이의 합은 몇 cm 인지 구해 보시오.

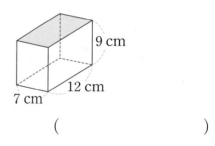

9 cm
12 cm
7 cm

(   )

6 오른쪽 정육면체의 모든 모서리의 길이의 합은 108 cm입니다. 정육면체의 한 모서리의 길이는 몇 cm입니까?

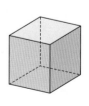

(   )

③ 직육면체의 겨냥도

- **직육면체의 겨냥도**: 직육면체의 모양을 잘 알 수 있도록 나타낸 그림

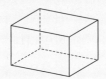

- 겨냥도에서 보이는 모서리는 실선으로, 보이지 않는 모서리는 점선으로 그립니다.

참고 직육면체의 겨냥도에서 보이는 부분과 보이지 않는 부분의 비교

	보이는 부분	보이지 않는 부분
	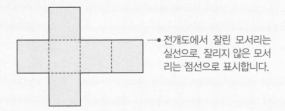	
면의 수(개)	3	3
모서리의 수(개)	9	3
꼭짓점의 수(개)	7	1

④ 정육면체의 전개도

정육면체의 전개도: 정육면체의 모서리를 잘라서 펼친 그림

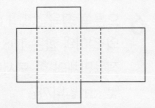

→ 전개도에서 잘린 모서리는 실선으로, 잘리지 않은 모서리는 점선으로 표시합니다.

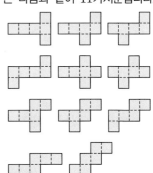

⑤ 직육면체의 전개도

◉ **직육면체의 전개도**: 직육면체의 모서리를 잘라서 펼친 그림

◉ **직육면체의 전개도 그리기**
- 서로 마주 보고 있는 면 3쌍은 모양과 크기가 같게 그립니다.
- 서로 겹치는 면이 없도록 그립니다.
- 겹치는 선분의 길이는 같도록 그립니다.

1 그림에서 빠진 부분을 그려 넣어 직육면체의 겨냥도를 완성해 보시오.

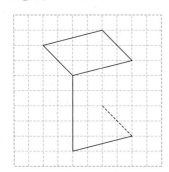

2 정육면체의 전개도를 접었을 때 선분 ㄱㄴ과 겹치는 선분을 찾아보시오.

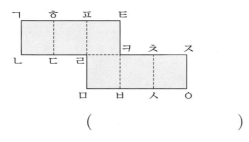

( )

3 다음은 오른쪽 직육면체의 전개도를 그린 것입니다. ☐ 안에 알맞은 수를 써넣으시오.

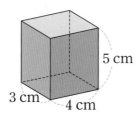

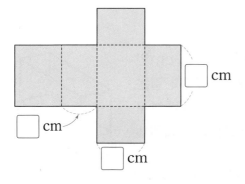

4 오른쪽 직육면체의 전개도를 그려 보시오.

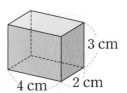

1 cm
1 cm

5 직육면체에서 보이는 모서리의 길이의 합은 몇 cm입니까?

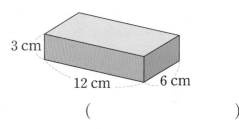

( )

6 주사위의 마주 보는 면의 눈의 수의 합은 7입니다. 정육면체의 전개도의 빈 곳에 주사위의 눈을 알맞게 그려 넣으시오.

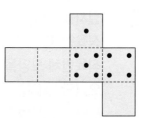

상위권 문제

대표유형 01 직육면체의 한 모서리의 길이 구하기

오른쪽 직육면체의 모든 모서리의 길이의 합은 72 cm입니다. ㉠에 알맞은 수를 구해 보시오.

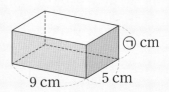

(1) ☐ 안에 알맞은 수를 써넣으시오.

> 직육면체에는 길이가 9 cm, 5 cm, ㉠ cm인 모서리가 각각 ☐개씩 있습니다.

(2) 직육면체의 모든 모서리의 길이의 합을 구하는 식을 세우려고 합니다. ☐ 안에 알맞은 수를 써넣으시오.

식 | $(9+5+㉠) \times$ ☐ $=$ ☐

(3) ㉠에 알맞은 수는 무엇입니까?

( )

비법 PLUS

직육면체에는 길이가 같은 모서리가 4개씩 3쌍 있습니다.

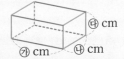

(직육면체의 모든 모서리의 길이의 합)
$=(㉠+㉡+㉢) \times 4$

유제 1 오른쪽 직육면체의 모든 모서리의 길이의 합은 104 cm입니다. ㉠에 알맞은 수를 구해 보시오.

( )

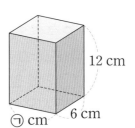

유제 2 철사를 겹치지 않게 사용하여 한 모서리의 길이가 13 cm인 정육면체 모양을 만든 다음 곧게 펴서 다시 오른쪽과 같은 직육면체 모양을 만들었습니다. ㉠에 알맞은 수를 구해 보시오. (단, 철사를 겹치지 않게 모두 사용하여 오른쪽 직육면체 모양을 만들었습니다.)

( )

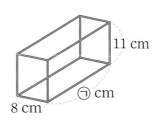

대표유형 **02**

상자를 묶는 데 사용한 리본의 길이 구하기

오른쪽 그림과 같이 직육면체 모양의 상자를 리본으로 한 바퀴 둘러 묶었습니다. 사용한 리본은 모두 몇 cm인지 구해 보시오. (단, 매듭으로 사용한 리본의 길이는 22 cm입니다.)

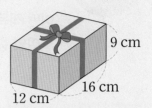

(1) 리본으로 한 바퀴 둘러 묶은 부분에서 길이가 다음과 같은 부분은 각각 몇 군데입니까?

12 cm인 모서리 (　　　　　　)

16 cm인 모서리 (　　　　　　)

9 cm인 모서리 (　　　　　　)

(2) 사용한 리본은 모두 몇 cm입니까?

(　　　　　　)

비법 PLUS

보이는 부분뿐만 아니라 보이지 않는 부분에 둘러 묶은 리본의 길이도 더해야 합니다.

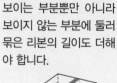

유제 **3**

오른쪽 그림과 같이 직육면체 모양의 상자를 리본으로 한 바퀴 둘러 묶었습니다. 사용한 리본은 모두 몇 cm인지 구해 보시오. (단, 매듭으로 사용한 리본의 길이는 32 cm입니다.)

(　　　　　　)

유제 **4**

서술형 문제

오른쪽 그림과 같이 직육면체 모양의 상자를 테이프로 둘러 붙였습니다. 사용한 테이프는 모두 몇 cm인지 풀이 과정을 쓰고 답을 구해 보시오. (단, 테이프는 모서리와 평행하게 한 바퀴씩 둘러 붙였습니다.)

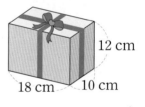

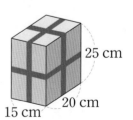

풀이 |

답 |

대표유형 03

직육면체를 두 방향에서 본 모양을 보고 다른 방향에서 본 모양 알아보기

어떤 직육면체를 위와 앞에서 본 모양입니다. 이 직육면체를 옆에서 본 모양의 모서리의 길이의 합은 몇 cm인지 구해 보시오.

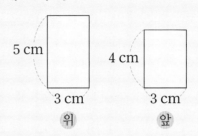

(1) ☐ 안에 알맞은 수를 써넣으시오.

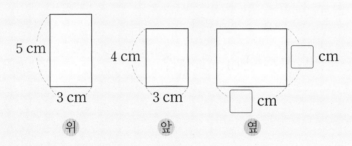

(2) 직육면체를 옆에서 본 모양의 모서리의 길이의 합은 몇 cm입니까?

(   )

비법 PLUS

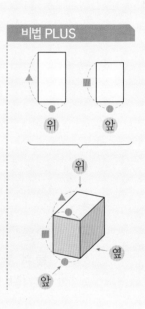

유제 5 오른쪽 그림은 어떤 직육면체를 위와 앞에서 본 모양입니다. 이 직육면체를 옆에서 본 모양의 모서리의 길이의 합은 몇 cm인지 구해 보시오.

(   )

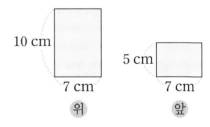

유제 6 오른쪽 그림은 어떤 직육면체를 앞과 옆에서 본 모양입니다. 이 직육면체를 위에서 본 모양의 모서리의 길이의 합은 몇 cm인지 구해 보시오.

(   )

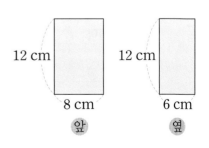

대표유형 04

선이 지나가는 자리 나타내기

직육면체의 면에 선을 그림과 같이 그었습니다. 직육면체의 전개도에 선이 지나가는 자리를 나타내어 보시오.

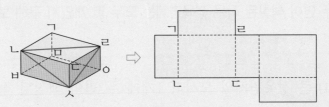

(1) 전개도의 ☐ 안에 알맞은 기호를 써넣으시오.

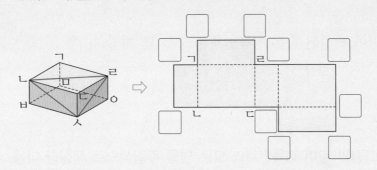

비법 PLUS

전개도를 접었을 때 만나는 점에는 같은 기호가 들어갑니다.

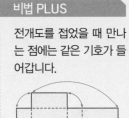

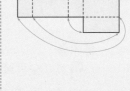

(2) 선이 지나가는 자리를 위 (1)의 전개도에 나타내어 보시오.

유제

7 직육면체의 면에 선을 그림과 같이 그었습니다. 직육면체의 전개도에 선이 지나가는 자리를 나타내어 보시오.

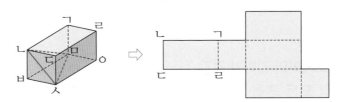

유제

8 정육면체의 전개도에 선을 그림과 같이 그었습니다. 정육면체에 선이 지나가는 자리를 나타내어 보시오.

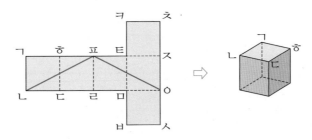

대표유형 05 색칠된 작은 정육면체의 수 구하기

오른쪽 그림과 같이 정육면체의 모든 면을 파란색으로 색칠한 다음 각 모서리를 3등분하여 크기가 같은 작은 정육면체로 모두 잘랐습니다. 두 면이 색칠된 작은 정육면체는 모두 몇 개인지 구해 보시오.

(1) 큰 정육면체의 모서리 1개에 두 면이 색칠된 작은 정육면체는 몇 개입니까?

( )

(2) 두 면이 색칠된 작은 정육면체는 모두 몇 개입니까?

( )

비법 PLUS

작은 정육면체는 색칠된 면이 한 면, 두 면, 세 면인 경우가 있습니다.

 유제 **9**

오른쪽 그림과 같이 정육면체의 모든 면을 주황색으로 색칠한 다음 각 모서리를 4등분하여 크기가 같은 작은 정육면체로 모두 잘랐습니다. 한 면이 색칠된 작은 정육면체는 모두 몇 개인지 구해 보시오.

( )

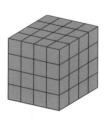

 유제 **10**

서술형 문제

세 모서리의 길이가 각각 4 cm, 3 cm, 5 cm인 오른쪽 직육면체의 모든 면을 초록색으로 색칠한 다음 한 모서리의 길이가 1 cm인 작은 정육면체 60개로 모두 잘랐습니다. 한 면도 색칠되지 않은 작은 정육면체는 몇 개인지 풀이 과정을 쓰고 답을 구해 보시오.

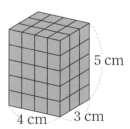

5 cm
4 cm 3 cm

풀이 |

답 |

신유형
06
루빅큐브에서 서로 평행한 면 알아보기

6개의 면에 서로 다른 색이 색칠된 루빅큐브를 여러 방향에서 본 모양입니다. 빨간색 면과 평행한 면은 무슨 색인지 구해 보시오.

(1) 루빅큐브에서 여섯 면의 색을 모두 찾아보시오.

(   )

(2) 빨간색 면과 수직인 면의 색을 모두 찾아보시오.

(   )

(3) 빨간색 면과 평행한 면은 무슨 색입니까?

(   )

신유형 PLUS

➕ **루빅큐브**

루빅큐브는 작은 여러 개의 정육면체를 모아 만든 하나의 큰 정육면체로 각 면을 같은 색깔로 맞추는 장난감입니다.

유제
11

6개의 면에 서로 다른 국기가 그려진 루빅큐브를 여러 방향에서 본 모양입니다. 태극기가 그려진 면과 평행한 면에 그려진 국기는 어느 나라의 국기인지 구해 보시오.

(   )

유제
12

6개의 면에 1부터 6까지의 자연수가 써진 루빅큐브를 여러 방향에서 본 모양입니다. 6이 쓰인 면과 평행한 면에 쓰인 수를 모두 더하면 얼마인지 구해 보시오.

(   )

1 오른쪽 주사위의 각 면에는 1부터 6까지의 눈이 그려져 있습니다. 마주 보는 면의 눈의 수의 합이 7일 때 ㉠에 올 수 있는 눈의 수를 모두 구해 보시오.

(   )

비법 PLUS

2 직육면체 가의 모든 모서리의 길이의 합과 정육면체 나의 모든 모서리의 길이의 합은 같습니다. 정육면체 나의 한 모서리의 길이는 몇 cm인지 구해 보시오.

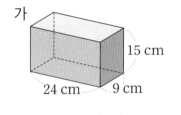
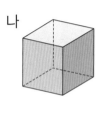

가   나

15 cm

24 cm   9 cm

(   )

서술형 문제

3 정육면체 모양의 상자 4개를 오른쪽 그림과 같이 쌓았습니다. 바닥에 닿는 면을 포함한 정사각형 모양의 겉면은 모두 몇 개인지 풀이 과정을 쓰고 답을 구해 보시오.

풀이 |

답 |

✚ (겉면의 수)
　=(전체 면의 수)
　　−(맞닿는 면의 수)
　=6×(상자의 수)
　　−(맞닿는 곳의 수)×2

4 직육면체의 전개도의 둘레는 몇 cm인지 구해 보시오.

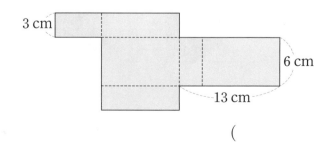

3 cm

6 cm

13 cm

(   )

✚ 전개도를 접었을 때
　• 서로 겹치는 모서리의 길이는 같습니다.
　• 서로 평행한 모서리의 길이는 같습니다.

5 어떤 직육면체를 위와 앞에서 본 모양입니다. 이 직육면체의 모든 모서리의 길이의 합은 몇 cm인지 구해 보시오.

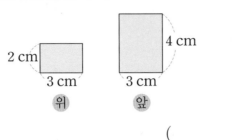

위 앞

( )

비법 PLUS

➕ 직육면체에는 길이가 같은 모서리가 4개씩 3쌍 있습니다.

6 전개도를 접어서 만들 수 있는 정육면체를 찾아 기호를 써 보시오.

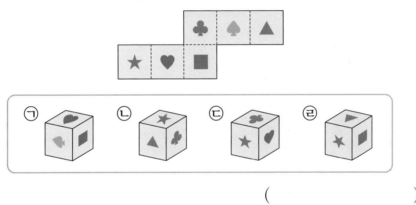

( )

➕ 전개도를 접었을 때 서로 평행한 면에 있는 모양을 찾아 정육면체와 비교해 봅니다.

7 직육면체를 잘라서 똑같은 정육면체를 여러 개 만들려고 합니다. 남는 부분 없이 자를 때 만들 수 있는 가장 큰 정육면체 한 개의 모든 모서리의 길이의 합은 몇 cm인지 구해 보시오.

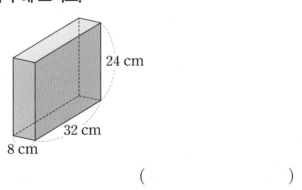

( )

8 정육면체에 오른쪽 그림과 같이 선을 그었습니다. 빨간색 선과 파란색 선 중에서 어느 색 선의 길이가 더 긴지 구해 보시오.

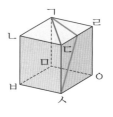

( )

서술형 문제

9 마주 보는 면의 눈의 수의 합이 7인 주사위 3개를 오른쪽 그림과 같이 한 줄로 쌓았습니다. 맞닿는 면의 눈의 수의 합이 8이 되도록 쌓았을 때 바닥에 닿는 면의 눈의 수를 구하려고 합니다. 풀이 과정을 쓰고 답을 구해 보시오.

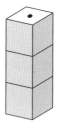

풀이 |

답 |

10 노란색 페인트가 들어 있는 통에 직육면체 모양의 상자를 왼쪽과 같이 기울인 다음 다른 곳에는 묻지 않게 담갔다가 꺼냈습니다. 이 상자의 전개도에 페인트가 묻은 부분을 색칠해 보시오.

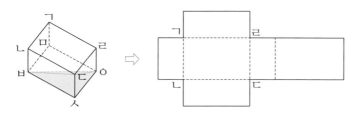

창의융합형 문제

11 한울이는 미술 시간에 한 모서리의 길이가 1 cm인 정육면체 모양의 상자 84개로 이집트의 피라미드를 흉내 내어 오른쪽과 같이 쌓았습니다. 상자를 빈틈없이 몇 개 더 쌓아 가장 작은 정육면체를 만들려고 합니다. 만든 정육면체의 모든 모서리의 길이의 합은 몇 cm인지 구해 보시오.

▲ 피라미드

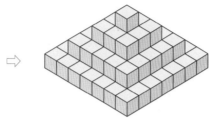

(   )

12 어느 쇼핑몰에서는 포장할 물건의 크기에 맞추어 포장 상자를 가능한 작은 직육면체 모양으로 만들어 비용을 절약한다고 합니다. 이 쇼핑몰에서 럭비공을 오른쪽 그림과 같은 상자에 넣고 테이프로 둘러 붙여 포장했다면 사용한 테이프는 모두 몇 cm인지 구해 보시오. (단, 상자의 두께는 생각하지 않고, 테이프는 모서리와 평행하게 한 바퀴씩 둘러 붙였습니다.)

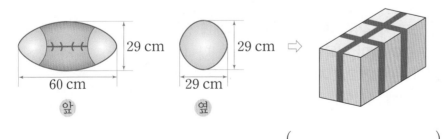

29 cm

60 cm
앞

29 cm

29 cm
옆

(   )

1 오른쪽 그림은 정육면체의 전개도의 일부분입니다. 나머지 부분을 완성하여 만들 수 있는 전개도는 모두 몇 가지인지 구해 보시오. (단, 돌리거나 뒤집었을 때 모양이 같으면 같은 전개도입니다.)

(   )

2 왼쪽 전개도를 접으면 오른쪽 그림과 같이 크기가 같은 정육면체가 2개 만들어집니다. 두 정육면체에서 서로 맞닿는 두 면의 기호를 써 보시오.

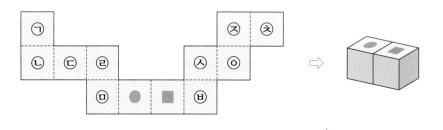

(   )

3 고무찰흙으로 크기가 같은 정육면체 모양 18개를 만든 다음 오른쪽 그림과 같이 쌓아 직육면체를 만들었습니다. 네 점 가, 나, 다, 라를 지나는 평면으로 자를 때 잘리지 <u>않는</u> 정육면체는 모두 몇 개인지 구해 보시오.

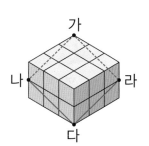

(   )

4 한 변의 길이가 30 cm인 정사각형 모양의 도화지에서 색칠한 부분을 잘라 낸 다음 남은 도화지를 접어 겹치는 부분 없이 직육면체를 만들었습니다. 오른쪽에 만든 직육면체의 겨냥도를 그리고, 겨냥도에 모서리의 길이를 나타내어 보시오.

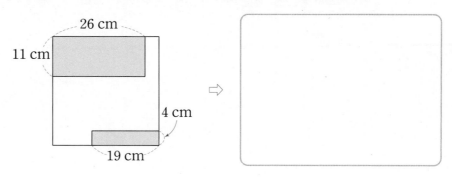

5 한 면만 색칠된 작은 정육면체가 125개 있습니다. 이 정육면체를 쌓아서 큰 정육면체를 만들었을 때 색칠된 바깥쪽 면은 최대 몇 개인지 구해 보시오.

(   )

6 크기가 같은 정육면체 2개를 오른쪽 그림과 같이 쌓았습니다. 꼭짓점 ㉮에서 꼭짓점 ㉯까지 모서리를 따라 가장 가깝게 갈 수 있는 방법은 모두 몇 가지인지 구해 보시오.

(   )

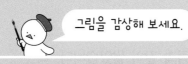
그림을 감상해 보세요.

빈센트 반 고흐, 「아를의 침실」, 1888년

6

평균과 가능성

STEP 핵심 개념과 문제

① 평균

◗ 평균: 자료의 값을 모두 더해 자료의 수로 나눈 값

$$(평균) = (자료 값의 합) \div (자료의 수)$$

◗ 평균 구하기

• 5, 12, 15, 8의 평균 구하기

방법 1 평균을 10으로 예상한 후 자료의 값을 고르게 하여 구하기

15에서 5를 5로 옮깁니다.

5   12   15   8   ⇨   10   10   10   10

12에서 2를 8로 옮깁니다.

⇨ (5, 12, 15, 8의 평균) = 10

방법 2 자료의 값을 모두 더해 자료의 수로 나누어 구하기

$$(5, 12, 15, 8의 평균) = (5 + 12 + 15 + 8) \div 4$$
$$= 40 \div 4 = 10$$

② 평균 이용하기

◗ 평균을 이용하여 비교하기

• 제기차기를 더 잘한 모둠 알아보기

제기차기 기록

영지네 모둠	5개, 7개, 6개, 4개, 8개, 6개
정호네 모둠	3개, 5개, 8개, 11개, 8개

(영지네 모둠의 제기차기 기록의 평균)
$$= (5 + 7 + 6 + 4 + 8 + 6) \div 6 = 36 \div 6 = 6(개)$$
(정호네 모둠의 제기차기 기록의 평균)
$$= (3 + 5 + 8 + 11 + 8) \div 5 = 35 \div 5 = 7(개)$$
⇨ 6개 < 7개이므로 정호네 모둠이 제기차기를 더 잘했습니다.

◗ 평균을 이용하여 모르는 자료의 값 구하기

• 수학 점수의 평균이 90점일 때 연우의 수학 점수 구하기

수학 점수

이름	현이	연우	준성	보라
점수(점)	88		92	90

(수학 점수의 합) = 90 × 4 = 360(점)
⇨ (연우의 수학 점수) = 360 − 88 − 92 − 90 = 90(점)

개념 PLUS ⊕

• (자료 값의 합)
  = (평균) × (자료의 수)
• (모르는 자료의 값)
  = (전체 자료 값의 합)
    − (주어진 자료 값의 합)

[1~2] 성아네 학교 5학년과 6학년 반별 학생 수를 나타낸 표입니다. 물음에 답하시오.

5학년의 반별 학생 수

반	1	2	3	4
학생 수(명)	32	33	29	30

6학년의 반별 학생 수

반	1	2	3	4	5
학생 수(명)	29	28	31	28	34

1 5학년과 6학년의 반별 학생 수의 평균은 각각 몇 명입니까?

5학년 (   )

6학년 (   )

2 성아네 학교 5학년과 6학년의 반별 학생 수에 대해 잘못 말한 친구의 이름을 써 보시오.

• 아린: 단순히 각 학년의 반별 가장 많은 학생 수만으로는 어느 학년의 반별 학생 수가 더 많은지 판단하기 어려워.
• 기열: 5학년 학생은 모두 124명, 6학년 학생은 모두 150명이므로 6학년의 반별 학생 수가 더 많아.

(   )

3 수정이는 11월 한 달 동안 윗몸 말아 올리기를 하루에 평균 25회씩 했습니다. 수정이는 30일 동안 윗몸 말아 올리기를 모두 몇 회 했습니까?

(   )

4 진서가 일주일 동안 모은 빈 병 수를 조사하여 나타낸 표입니다. 하루에 모은 빈 병 수의 평균이 8개일 때 수요일에 모은 빈 병은 몇 개입니까?

요일별 모은 빈 병 수

요일	월	화	수	목	금	토	일
빈 병 수(개)	7	6		9	11	7	4

(   )

5 민호는 3일 동안 운동 시간의 평균을 40분으로 정했습니다. 내일 운동이 끝나는 시각은 오후 몇 시 몇 분입니까?

운동 시간

	시작 시각	끝난 시각
어제	오후 3 : 20	오후 4 : 00
오늘	오후 4 : 30	오후 5 : 20
내일	오후 3 : 40	

(   )

6 지후네 모둠의 몸무게를 나타낸 표입니다. 지후네 모둠에 호동이가 들어와서 몸무게의 평균이 1 kg 더 늘어났다면 호동이의 몸무게는 몇 kg입니까?

지후네 모둠의 몸무게

이름	지후	미라	태은	채윤
몸무게(kg)	34	35	39	36

(   )

핵심 개념과 문제

❸ 일이 일어날 가능성

◐ 가능성: 어떠한 상황에서 특정한 일이 일어나길 기대할 수 있는 정도

◐ 일이 일어날 가능성을 말로 표현하기

가능성의 정도는 **불가능하다, ~아닐 것 같다, 반반이다,**
~일 것 같다, 확실하다 등으로 표현할 수 있습니다.

일이 일어날 가능성이 낮습니다. ←		→ 일이 일어날 가능성이 높습니다.
	~아닐 것 같다	~일 것 같다
불가능하다	반반이다	확실하다

예	일	가능성
	주사위를 굴리면 눈의 수가 0이 나올 것입니다.	불가능하다
	500원짜리 동전을 세 번 던지면 세 번 모두 그림 면이 나올 것입니다.	모두 그림 면이 나오지는 않을 것 같다
	100원짜리 동전을 던지면 숫자 면이 나올 것입니다.	반반이다
	쌀쌀한 날씨에는 반소매보다 긴소매를 입을 것입니다.	긴소매를 입을 것 같다
	1월 1일 다음에 1월 2일이 올 것입니다.	확실하다

◐ 일이 일어날 가능성을 수로 표현하기

일이 일어날 가능성을 $0, \dfrac{1}{2}, 1$의 수로 표현할 수 있습니다.

불가능하다	반반이다	확실하다
0	$\dfrac{1}{2}$	1

• 회전판을 돌릴 때 화살이 빨간색에 멈출 가능성을 수로 표현하기

가 — 0 ┗● 불가능하다
나 — $\dfrac{1}{2}$ ┗● 반반이다
다 — 1 ┗● 확실하다

개념 PLUS ➕

❙ 일이 일어날 가능성이 $\dfrac{1}{2}$인 경우

• 흰색 바둑돌 1개와 검은색 바둑돌 1개가 들어 있는 상자에서 바둑돌 한 개를 꺼낼 때 흰색 바둑돌이 나올 경우

• 동전을 던졌을 때 그림 면이 나올 경우

• 주사위를 한 번 굴렸을 때 주사위의 눈의 수가 짝수일 경우

1 일이 일어날 가능성을 찾아 선으로 이어 보시오.

3과 4를 곱하면 8이 될 것입니다.	계산기에 '3+3='을 누르면 6이 나올 것입니다.

· · · ·

확실하다	불가능하다

2 회전판에서 화살이 파란색에 멈출 가능성이 높은 순서대로 써 보시오.

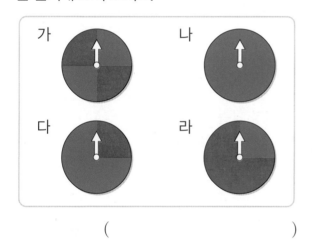

( )

3 수영이가 ○× 문제를 풀고 있습니다. ×라고 답했을 때, 정답을 맞혔을 가능성을 말과 수로 표현해 보시오.

말 ( )

수 ( )

4 일이 일어날 가능성이 높은 순서대로 기호를 써 보시오.

> ㉠ 친구의 동생이 한 명일 때 여자일 가능성
> ㉡ 100원짜리 동전 2개가 들어 있는 주머니에서 동전 1개를 꺼낼 때 100원짜리 동전을 꺼낼 가능성
> ㉢ 1부터 4까지의 수가 쓰인 4장의 수 카드 중에서 1장을 뽑을 때 5를 뽑을 가능성

( )

[**5~6**] 빨간색, 파란색, 노란색으로 이루어진 회전판입니다. 회전판을 100번 돌려 화살이 멈춘 횟수를 나타낸 표를 보고 일이 일어날 가능성이 가장 비슷한 회전판을 찾아보시오.

5

색깔	빨간색	파란색	노란색
횟수(회)	33	35	32

( )

6

색깔	빨간색	파란색	노란색
횟수(회)	24	25	51

( )

상위권 문제

 대표유형 01 조건에 알맞은 회전판이 되도록 색칠하기

(조건)에 알맞은 회전판이 되도록 색칠해 보시오.

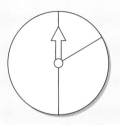

(조건)
• 화살이 빨간색에 멈출 가능성이 가장 높습니다.
• 화살이 파란색에 멈출 가능성은 초록색에 멈출 가능성의 2배입니다.

비법 PLUS

일이 일어날 가능성을 비교하여 가능성이 높은 것부터 넓은 곳에 색칠합니다.

(1) 회전판에 빨간색을 색칠해 보시오.

(2) 회전판에 파란색과 초록색을 각각 색칠해 보시오.

유제 1 (조건)에 알맞은 회전판이 되도록 색칠해 보시오.

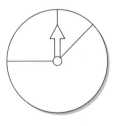

(조건)
• 화살이 파란색에 멈출 가능성이 가장 낮습니다.
• 화살이 빨간색에 멈출 가능성은 초록색에 멈출 가능성의 $2\frac{1}{2}$배입니다.

유제 2 (조건)에 알맞은 회전판이 되도록 색칠해 보시오.

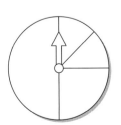

(조건)
• 화살이 파란색에 멈출 가능성이 가장 높습니다.
• 화살이 빨간색에 멈출 가능성과 초록색에 멈출 가능성이 같습니다.
• 화살이 노란색에 멈출 가능성이 있습니다.

대표유형 02 세 사람의 평균 구하기

1 경호, 연수, 선우 세 사람이 키를 재었습니다. 경호는 연수보다 2.4 cm 더 작고, 선우는 경호보다 1.8 cm 더 큽니다. 연수의 키가 145 cm일 때 세 사람의 키의 평균은 몇 cm인지 구해 보시오.

(1) 경호의 키는 몇 cm입니까?

( )

(2) 선우의 키는 몇 cm입니까?

( )

(3) 세 사람의 키의 평균은 몇 cm입니까?

( )

비법 PLUS

경호와 선우의 키를 각각 구한 다음 세 사람의 키의 평균을 구합니다.

유제 3 윤미, 지우, 혜주 세 사람이 몸무게를 재었습니다. 윤미는 지우보다 2.5 kg 더 무겁고, 혜주는 윤미보다 5.6 kg 더 가볍습니다. 지우의 몸무게가 47.2 kg일 때 세 사람의 몸무게의 평균은 몇 kg인지 구해 보시오.

( )

유제 4 서술형 문제

경민, 승기, 은지 세 사람이 수학 시험을 봤습니다. 경민이의 수학 점수는 승기보다 3점 더 낮고, 은지의 수학 점수는 경민이보다 9점 더 높습니다. 승기의 수학 점수가 87점일 때 세 사람의 수학 점수의 평균은 몇 점인지 풀이 과정을 쓰고 답을 구해 보시오.

풀이 |

답 |

대표유형 03 모르는 자료의 값 구하기

영지의 수학 점수를 나타낸 표입니다. 영지의 1회부터 5회까지의 점수의 평균이 84점 이상이 되려면 5회에서는 적어도 몇 점을 받아야 하는지 구해 보시오.

영지의 수학 점수

회	1회	2회	3회	4회	5회
점수(점)	78	86	80	84	

(1) 1회부터 5회까지의 점수의 평균이 84점 이상이 되려면 1회부터 5회까지의 점수의 합은 적어도 몇 점이어야 합니까?

( )

(2) 영지가 5회에서는 적어도 몇 점을 받아야 합니까?

( )

> **비법 PLUS**
>
> (평균)=(자료 값의 합) ÷(자료의 수)
> ⇨ (자료 값의 합) =(평균)×(자료의 수)

유제 5 혜리의 줄넘기 기록을 나타낸 표입니다. 월요일부터 일요일까지 줄넘기 기록의 평균이 70번 이상이 되려면 일요일에는 적어도 몇 번을 넘어야 하는지 구해 보시오.

혜리의 줄넘기 기록

요일	월	화	수	목	금	토	일
줄넘기 기록(번)	72	66	75	69	70	64	

( )

유제 6 승휘의 성적을 나타낸 표입니다. 다섯 과목의 점수의 평균이 90점 이상이 되려면 사회 점수와 과학 점수의 평균이 적어도 몇 점이 되어야 하는지 구해 보시오.

승휘의 성적

과목	국어	수학	사회	영어	과학
점수(점)	88	96		92	

( )

대표유형 04 두 집단의 평균 구하기

선우의 삼촌은 토요일에 5 km를 달리는 데 1시간 20분이 걸렸고, 일요일에 5 km를 달리는 데 2시간 30분이 걸렸습니다. 이틀 동안 선우의 삼촌이 1 km를 달리는 데 걸린 시간의 평균은 몇 분인지 구해 보시오.

(1) 선우의 삼촌이 토요일과 일요일에 달리는 데 걸린 시간은 모두 몇 분입니까?

(   )

(2) 선우의 삼촌이 토요일과 일요일에 달린 거리는 모두 몇 km입니까?

(   )

(3) 이틀 동안 선우의 삼촌이 1 km를 달리는 데 걸린 시간의 평균은 몇 분입니까?

(   )

> **비법 PLUS**
>
> (두 집단의 평균)
> =(두 집단의 자료 값의 합)
> ÷(두 집단의 자료 수의 합)

 유제 7

석준이네 가족은 자동차를 타고 처음 160 km를 달리는 데 2시간이 걸렸고, 다음 210 km를 달리는 데 3시간이 걸렸습니다. 석준이네 가족이 탄 자동차가 한 시간에 간 거리의 평균은 몇 km인지 구해 보시오.

(   )

유제 8 서술형 문제

지연이는 할머니 댁에 가는 데 기차를 타고 한 시간에 90 km를 가는 빠르기로 180 km를 간 다음, 버스로 갈아타서 한 시간에 70 km를 가는 빠르기로 210 km를 갔습니다. 할머니 댁에 가는 데 한 시간에 간 거리의 평균은 몇 km인지 풀이 과정을 쓰고 답을 구해 보시오.

풀이 |

답 |

대표유형 05 **부분 평균으로 전체 평균 구하기**

민우네 반 남학생 12명과 여학생 8명의 몸무게의 평균을 나타낸 것입니다. 민우네 반 전체 학생의 몸무게의 평균은 몇 kg인지 구해 보시오.

몸무게의 평균

남학생 12명	42 kg
여학생 8명	39.5 kg

(1) 남학생 12명과 여학생 8명의 몸무게의 합은 각각 몇 kg인지 차례대로 써 보시오.

(,)

(2) 민우네 반 학생은 모두 몇 명입니까?

( )

(3) 민우네 반 전체 학생의 몸무게의 평균은 몇 kg입니까?

( )

> **비법 PLUS**
>
> (자료 값의 합)
> ＝(평균)×(자료의 수)를
> 이용하여 남학생과 여학생의 몸무게의 합을 각각 구할 수 있습니다.

유제 9

해용이네 반 남학생 15명과 여학생 10명의 수학 점수의 평균을 나타낸 것입니다. 해용이네 반 전체 학생의 수학 점수의 평균은 몇 점인지 구해 보시오.

수학 점수의 평균

남학생 15명	88.6점
여학생 10명	89.6점

( )

유제 10

가영이와 나리의 키의 평균은 148.3 cm, 나리와 다율이의 키의 평균은 152.5 cm, 다율이와 가영이의 키의 평균은 152.2 cm입니다. 세 사람의 키의 평균은 몇 cm인지 구해 보시오.

( )

신유형 06

평균을 높이는 방법 알아보기

어느 자동차 회사의 상반기 대리점별 자동차 판매량을 나타낸 표입니다. 이 자동차 회사가 하반기에 자동차 판매량의 평균을 상반기보다 5대 더 늘릴 수 있는 방법을 3가지 써 보시오.

상반기 자동차 판매량

대리점	가	나	다	라
판매량(대)	79	83	92	86

(1) 이 자동차 회사가 하반기에 자동차 판매량의 평균을 상반기보다 5대 더 늘리려면 자동차를 상반기보다 몇 대 더 많이 팔아야 합니까?

(   )

신유형 PLUS

(늘려야 하는 자료 값의 합)
=(늘려야 하는 평균)
×(자료의 수)

(2) 이 자동차 회사가 하반기에 자동차 판매량의 평균을 상반기보다 5대 더 늘릴 수 있는 방법을 3가지 써 보시오.

방법 \ 대리점	가	나	다	라	총합
1					
2					
3					

유제 11

채윤이의 중간고사 점수를 나타낸 표입니다. 채윤이가 다음 시험에서 점수의 평균을 10점 더 올릴 수 있는 방법을 3가지 써 보시오.

채윤이의 중간고사 점수

과목	국어	수학	사회	과학
점수(점)	87	90	75	68

⇩

방법 \ 과목	국어	수학	사회	과학	총점
1					
2					
3					

1 1부터 25까지의 자연수의 평균을 구해 보시오.

(   )

2 세연이가 구슬 개수 맞히기 놀이를 하고 있습니다. 구슬 6개가 들어 있는 주머니에서 1개 이상의 구슬을 꺼냈습니다. 꺼낸 구슬의 개수가 짝수일 가능성과 회전판을 돌릴 때 화살이 노란색에 멈출 가능성이 같도록 오른쪽 회전판을 색칠해 보시오.

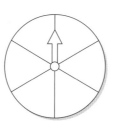

3 주하의 성적표의 일부분이 찢어졌습니다. 다섯 과목의 점수의 평균이 86점일 때 수학 점수와 사회 점수는 각각 몇 점인지 구해 보시오.

주하의 성적표

과목	국어	수학	사회	과학	영어
점수(점)	91	8	5	72	85

수학 점수 (   )

사회 점수 (   )

비법 PLUS

➕ (자료 값의 합)
　＝(평균)×(자료의 수)

4 넓이가 $3000 \ m^2$인 땅에 꽃을 심어 꽃밭을 만들려고 합니다. 첫째 날은 5명이 8시간 동안 심고, 둘째 날은 4명이 5시간 동안 심어서 꽃밭을 완성했다면 한 사람이 한 시간에 꽃을 심은 땅의 넓이의 평균은 몇 m^2인지 구해 보시오. (단, 모든 사람이 한 시간 동안 한 일의 양은 일정합니다.)

(   )

5 1부터 6까지의 눈이 그려진 주사위를 한 번 굴릴 때 일이 일어날 가능성이 높은 순서대로 기호를 써 보시오.

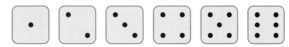

> ㉠ 주사위의 눈의 수가 3 이하로 나올 가능성
> ㉡ 주사위의 눈의 수가 5의 약수로 나올 가능성
> ㉢ 주사위의 눈의 수가 6의 배수로 나올 가능성
> ㉣ 주사위의 눈의 수가 1 초과 6 미만으로 나올 가능성

(   )

비법 PLUS

✛ 주사위를 한 번 굴릴 때 나올 수 있는 가짓수가 많을수록 일이 일어날 가능성이 높습니다.

서술형 문제

6 어느 지역의 마을별 밤 생산량을 조사하여 나타낸 표입니다. 다섯 마을의 밤 생산량의 평균은 194 kg이고 나 마을에서 생산한 밤을 한 상자에 5 kg씩 모두 담으려고 합니다. 이때 필요한 상자는 몇 개인지 풀이 과정을 쓰고 답을 구해 보시오.

마을별 밤 생산량

마을	가	나	다	라	마
생산량(kg)	120		170	260	190

풀이 |

답 |

7 지현이네 반 학생은 모두 38명이고 그중에서 남학생은 20명입니다. 지현이네 반 전체 학생의 몸무게의 평균은 45.5 kg이고, 남학생의 몸무게의 평균이 50.45 kg일 때 여학생의 몸무게의 평균은 몇 kg인지 구해 보시오.

(   )

8 새롬이의 과목별 단원 평가 성적 중 87점인 한 과목의 점수를 78점으로 잘못 보고 계산했더니 평균이 86점이 되었습니다. 실제 새롬이의 단원 평가 성적의 평균이 87점일 때 새롬이가 본 단원 평가의 과목은 모두 몇 개인지 구해 보시오.

(   )

비법 PLUS

✛ 과목 수를 ☐개라 하여 실제 총점과 잘못 보고 계산한 총점을 각각 식으로 나타내어 봅니다.

서술형 문제

9 4장의 수 카드 [2], [4], [6], [8]을 상자 안에 넣었습니다. 이 중에서 2장을 뽑아 두 자리 수를 만들 때 5의 배수일 가능성을 수로 표현하려고 합니다. 풀이 과정을 쓰고 답을 구해 보시오.

풀이 |

답 |

10 100 m 달리기 대회 결승에 5명의 선수가 출전했습니다. 금메달, 은메달, 동메달을 딴 선수의 기록의 평균은 12.2초이고, 동메달을 딴 선수와 메달을 따지 못한 나머지 두 선수의 기록의 평균은 13.3초입니다. 5명의 기록의 평균이 12.8초일 때 동메달을 딴 선수의 기록은 몇 초인지 구해 보시오.

(   )

창의융합형 문제

11 리듬체조의 점수는 4명의 심판이 채점하는 난도 점수와 5명의 심판이 채점하는 실시 점수로 구성되어 20점 만점입니다. 난도 점수와 실시 점수는 각각 가장 높은 점수와 가장 낮은 점수를 제외한 나머지 점수의 평균을 점수로 합니다. 다음 표를 보고 소연이가 받은 곤봉 점수는 몇 점인지 구해 보시오.

소연이의 곤봉 난도 점수

심판	가	나	다	라
점수(점)	8	9	8	6

소연이의 곤봉 실시 점수

심판	마	바	사	아	자
점수(점)	8	5	6	9	7

(   )

창의융합 PLUS

➕ **리듬체조**
리본, 공, 훌라후프, 곤봉, 로프, 링 따위의 소도구를 들고 반주 음악의 리듬에 맞추어 연기하는 여자 체조 경기입니다. 1968년부터 세계 선수권 대회가 열리고 있으며, 1984년 LA 올림픽 경기에서 정식 종목으로 채택되었습니다.

▲ 곤봉, 공, 로프

12 국민들의 평균적인 생활 수준을 알아보는 데에는 보통 1인당 국민총소득을 활용합니다. 2013년부터 2017년까지 우리나라의 1인당 국민총소득의 평균이 3088만 원일 때 꺾은선그래프를 완성해 보시오.

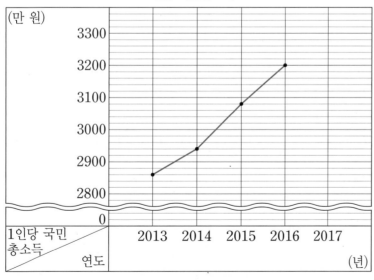

➕ **1인당 국민총소득**
한 나라의 국민이 일정 기간 생산 활동에 참여한 대가로 얻은 소득의 합계를 한 나라의 인구수로 나눈 값입니다.

1 ㉮◎㉯는 ㉮와 ㉯의 평균을 나타냅니다. ☐ 안에 알맞은 수를 구해 보시오.

$$(4◎\boxed{})◎3=9$$

(   )

2 주머니 안에 검은색 바둑돌 6개와 흰색 바둑돌 몇 개가 들어 있었습니다. 연아가 주머니에서 바둑돌 3개를 꺼냈더니 꺼낸 바둑돌이 모두 흰색이었습니다. 지금 주머니에서 바둑돌 1개를 꺼낼 때 검은색 바둑돌이 나올 가능성이 '반반이다'라면 처음 주머니에 들어 있던 바둑돌은 모두 몇 개인지 구해 보시오.

(   )

3 5개의 자연수 ㉠, ㉡, ㉢, ㉣, ㉤이 다음을 만족할 때 ㉠, ㉡, ㉢, ㉣, ㉤의 평균을 구해 보시오.

$$㉠+㉡=9, ㉡+㉢=12, ㉢+㉣=17, ㉣+㉤=24, ㉤+㉠=18$$

(   )

4 어떤 시험에 100명이 응시하여 25명이 합격했습니다. 합격한 25명의 점수의 평균과 불합격한 75명의 점수의 평균의 차는 10점입니다. 응시한 100명의 점수의 평균이 83.5점일 때 합격한 25명의 점수의 평균은 몇 점인지 구해 보시오.

(   )

5 피아노 경연 대회에 나간 현지가 심사 위원에게 받은 점수의 평균을 나타낸 표입니다. 심사 위원에게 받은 가장 높은 점수가 19점일 때 피아노 경연 대회의 심사 위원은 모두 몇 명인지 구해 보시오. (단, 가장 높은 점수는 심사 위원 1명에게 받았습니다.)

전체 점수의 평균	13점
가장 높은 점수를 제외한 점수의 평균	11점

(   )

6 인성이네 반 학생 25명이 세 문제로 구성된 시험을 본 결과를 나타낸 표입니다. 1번은 20점, 2번은 30점, 3번은 50점이고 반 전체 학생의 점수의 평균은 55.6점입니다. 3번을 맞힌 학생이 17명일 때 2번을 맞힌 학생은 몇 명인지 구해 보시오.

점수별 학생 수

점수(점)	0	20	30	50	70	80	100
학생 수(명)		1	2		4	6	2

(   )

그림을 감상해 보세요.

귀스타브 쿠르베, 「안녕하세요, 쿠르베 씨」, 1854년

개념 ÷ 유형
최상위 탑

개념+유형 최상위탑
정답과 풀이

초등 수학
5·2

visang

ABOVE IMAGINATION

우리는 남다른 상상과 혁신으로
교육 문화의 새로운 전형을 만들어
모든 이의 행복한 경험과 성장에 기여한다

개념＋유형

최상위 탑

정답과 풀이

5·2

Top Book

① 수의 범위와 어림하기

7쪽 **핵심 개념과 문제**

1
```
 ├──┼──◆──┼──┼──┼──┼──┤
 15  16  17  18  19  20  21  22
```
2
```
 ├──◈──┼──┼──┼──◆──┤
 30  31  32  33  34  35  36  37
```
3 ㉠, ㉣
4 효선, 형욱, 수민
5 은주, 윤아
6 6000원

9쪽 **핵심 개념과 문제**

1 (위에서부터) 2610, 2700, 3000
/ 75040, 75100, 76000
2 2000 / = / 2000
3 0, 1, 2, 3, 4
4 다율
5 9번
6 51장

10~17쪽 **상위권 문제**

유형 ❶ (1) 35500 / 35000 (2) 500
유제 1 0.4
유제 2 ㉠, ㉢, ㉡
유형 ❷ (1) 37, 36, 35, 34, 33, 32, 31, 30, 29, 28
(2) 28
유제 3 9
유제 4 36, 37, 38, 39, 40, 41, 42
유형 ❸ (1) 211명 / 252명
(2) 211명 이상 252명 이하
유제 5 288명 초과 325명 미만
유제 6
```
 ├──┼──┼──◈──┼──┼──┼──◆──┼──┼──┼──┤
 230 240 250 260 270 280 290 300 310 320
```

유형 ❹ (1) 81상자 (2) 972000원
유제 7 48묶음
유제 8 16250원
유형 ❺ (1) 3, 4 / 6, 7 (2) 4개
유제 9 6개
유제 10 1.3
유형 ❻ (1) 281, 285, 512, 518, 521, 528, 581, 582, 812, 815
(2) 5개
유제 11 3개
유제 12 3280
유형 ❼ (1) 35500, 36499 (2) 35721
유제 13 64705
유제 14 3749
유형 ❽ (1) 1600원 (2) 48250원
유제 15 68900원

18~21쪽 **상위권 문제 확인과 응용**

1 2개
2 2600원
3 4887권
4 21장
5 73000
6 14 cm 초과 27 cm 미만
7 5, 6, 7, 8, 9
8 9.837
9 50개
10 35502 kg
11 191400원
12 500개

22~23쪽 **최상위권 문제**

1 42
2 ㉰ 문방구
3 2997대
4 50
5 6명 초과 16명 미만
6 24개

② 분수의 곱셈

27쪽 **핵심 개념과 문제**

1 ㉠, ㉢

2 $25 \times 2\frac{2}{15} = \overset{5}{\cancel{25}} \times \frac{32}{\underset{3}{\cancel{15}}} = \frac{160}{3} = 53\frac{1}{3}$

3 12판　　　　　　　　　**4** $2\frac{2}{5}$ m

5 예 가로가 28 cm, 세로가 $2\frac{1}{2}$ cm인 직사각형 모양의

종이가 있습니다. 종이의 넓이는 몇 cm^2입니까? /

예 70 cm^2

6 지우

29쪽 **핵심 개념과 문제**

1 $3\frac{5}{7} \times 1\frac{3}{4} = \frac{\overset{13}{\cancel{26}}}{\underset{1}{\cancel{7}}} \times \frac{\overset{1}{\cancel{7}}}{\underset{2}{\cancel{4}}} = \frac{13}{2} = 6\frac{1}{2}$

2 =　　　　　　　　　　**3** $\frac{1}{6}$

4 3, 5 (또는 5, 3)　　　　**5** $1\frac{1}{12}$ cm^2

6 $56\frac{1}{4}$ kg

30~37쪽 **상위권 문제**

유형 ❶ (1) 25, 40 (2) 7, 8, 9

유제 1　6, 7, 8　　　　　유제 2　2개

유형 ❷ (1) $27\frac{1}{5}$ cm^2 / $10\frac{11}{15}$ cm^2

　　　 (2) $37\frac{14}{15}$ cm^2

유제 3　$73\frac{2}{3}$ cm^2　　　유제 4　$115\frac{1}{3}$ cm^2

유형 ❸ (1) $4\frac{1}{2}$ (2) $1\frac{1}{2}$ (3) $2\frac{2}{3}$

유제 5　$3\frac{5}{12}$　　　　　유제 6　4

유형 ❹ (1) 14분 (2) 오후 2시 14분

유제 7　오전 9시 42분　　　유제 8　오전 6시 1분 8초

유형 ❺ (1) 36 m (2) 27 m

유제 9　$7\frac{14}{25}$ m　　　　유제 10　$38\frac{2}{3}$ m

유형 ❻ (1) 8, $6\frac{3}{4}$ (2) 54

유제 11　$11\frac{5}{9}$　　　　유제 12　$6\frac{11}{14}$

유형 ❼ (1) 5, 6, 7, 8 (2) $2\frac{2}{3}$

유제 13　$\frac{2}{7}$　　　　　유제 14　$4\frac{3}{5}$

유형 ❽ (1) $\frac{2}{5}$ (2) $\frac{1}{10}$

유제 15　$\frac{1}{200}$　　　　유제 16　$\frac{21}{1208}$

38~41쪽 **상위권 문제 확인과 응용**

1 $\frac{5}{84}$　　　　　　　**2** 12 cm^2

3 $\frac{20}{27}$　　　　　　　**4** 20

5 80 cm　　　　　　**6** 오후 12시 16분 20초

7 $50\frac{1}{2}$　　　　　　　**8** $\frac{24}{25}$

9 4165 m　　　　　　**10** 10500원

11 $293\frac{1}{2}$ g　　　　　**12** $\frac{27}{64}$

42~43쪽 　최상위권 문제

1 $154\frac{20}{27}$ 　　　**2** 105개

3 $\frac{1}{301}$ 　　　**4** $6\frac{6}{11}$

5 $\frac{16}{25}$ cm² 　　　**6** $\frac{11}{18}$

❸ 합동과 대칭

47쪽 　핵심 개념과 문제

1 2쌍 　　　**2** 4개

3

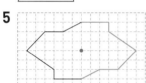

4 (위에서부터) 4, 150

5

6 15 cm

48~53쪽 　상위권 문제

유형 **①** (1) 12 cm (2) 5 cm (3) 7 cm

유제 **1** 2 cm 　　　유제 **2** 42 cm

유형 **②** (1) 110° (2) 110° (3) 70°

유제 **3** 130° 　　　유제 **4** 25°

유형 **③** (1) 1쌍 (2) 2쌍 (3) 3쌍

유제 **5** 4쌍 　　　유제 **6** 7쌍

유형 **④** (1) 4 cm (2) 40 cm

유제 **7** 48 cm 　　　유제 **8** 44 cm

유형 **⑤** (1) 65° (2) 45° (3) 90°

유제 **9** 40° 　　　유제 **10** 80°

유형 **⑥** (1) (위에서부터) 4, 30
　　　　(2) 정삼각형, 4 cm (3) 4 cm²

유제 **11** 9 cm²

54~57쪽 　상위권 문제 확인과 응용

1 16 cm 　　　**2** 30 cm

3 69° 　　　**4** 65°

5 36 cm² 　　　**6** 24 cm²

7 4쌍 　　　**8** 50°

9 5 cm 　　　**10** 108 cm²

11 65° 　　　**12** 5번

58~59쪽 　최상위권 문제

1 92° 　　　**2** 30°

3 95 cm² 　　　**4** 60 cm

5 75 cm² 　　　**6** 36°

❹ 소수의 곱셈

63쪽 　핵심 개념과 문제

1

2 예 30×1.53은 30과 1.5의 곱으로 어림할 수 있으므로 결과는 45 정도가 됩니다.

3 2.66 L 　　　**4** ㉠, ㉡

5 42.5 kg 　　　**6** 민서, 27.2 g

1 0.0564
2 5 0.2 4
3 ㉠
4 0.11 kg
5 희주
6 75.69 m²

66~73쪽	상위권 문제

유형 **1** (1) 4.5 (2) 16.74
유제 **1** 19.36　　　유제 **2** 35.904
유형 **2** (1) 54 cm² / 12.8 cm² (2) 41.2 cm²
유제 **3** 91.14 cm²　　　유제 **4** 395.72 cm²
유형 **3** (1) 8.4 / 12.3 (2) 9, 10, 11, 12
유제 **5** 110　　　유제 **6** 15개
유형 **4** (1) 2.5 (2) 212.5 km (3) 19.125 L
유제 **7** 14.84 L　　　유제 **8** 36.48 L
유형 **5** (1) 6.21 / 12.6 (2) 78.246
유제 **9** 184.23　　　유제 **10** 4.9875
유형 **6** (1) 5 m (2) 2.5 m (3) 1.25 m
유제 **11** 0.729 m　　　유제 **12** 38.4 m
유형 **7** (1) 소수 40자리 수
　　　(2) 예 2, 4, 8, 6이 반복되는 규칙입니다.
　　　(3) 6
유제 **13** 6
유형 **8** (1) 예

　　　(2) 85 cm
유제 **14** 49.6 cm　　　유제 **15** 68 cm

74~77쪽	상위권 문제 확인과 응용

1 0.01배
2 8장
3 0.0109
4 243250원
5 101.76 cm
6 648명
7 18 km
8 4140.8
9 175.538 cm²
10 3.024 m
11 74880 km
12 1034.4 m

78~79쪽	최상위권 문제

1 51.03
2 9
3 190.852 L
4 459.42 km
5 0.576 cm²
6 4분

❺ 직육면체

83쪽	핵심 개념과 문제

1 나, 바
2 면 ㄱㄴㄷㄹ, 면 ㄴㅂㅁㄱ, 면 ㅁㅂㅅㅇ, 면 ㄷㅅㅇㄹ
3 예 직육면체는 직사각형 6개로 둘러싸여 있어야 하는데 이 도형은 4개의 사다리꼴과 2개의 직사각형으로 둘러싸여 있습니다.
4 ④
5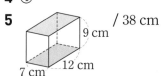
6 9 cm

85쪽	핵심 개념과 문제

1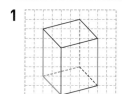
2 선분 ㅅㅂ
3 (위에서부터) 5, 3, 4
4 예
5 63 cm
6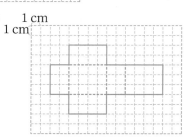

86~91쪽 상위권 문제

유형 **1** (1) 4 (2) 4, 72 (3) 4

유제 **1** 8 유제 **2** 20

유형 **2** (1) 2군데 / 2군데 / 4군데 (2) 114 cm

유제 **3** 136 cm 유제 **4** 240 cm

유형 **3** (1) (위에서부터) 4, 5 (2) 18 cm

유제 **5** 30 cm 유제 **6** 28 cm

유형 **4** (1)~(2)

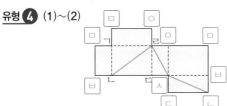

유제 **7**

유제 **8**

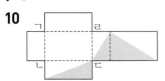

유형 **5** (1) 1개 (2) 12개

유제 **9** 24개 유제 **10** 6개

유형 **6** (1) 빨간색, 연두색, 노란색, 주황색, 흰색, 파란색
(2) 연두색, 노란색, 흰색, 파란색 (3) 주황색

유제 **11** 미국 국기 유제 **12** 45

92~95쪽 상위권 문제 확인과 응용

1 1, 2, 5, 6 **2** 16 cm

3 18개 **4** 82 cm

5 36 cm **6** ㉢

7 96 cm **8** 빨간색 선

9 4

10

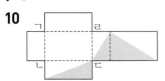

11 84 cm **12** 410 cm

96~97쪽 최상위권 문제

1 3가지 **2** ㉠, ㉨

3 6개 **4** 예

4 cm
15 cm
11 cm

5 98개 **6** 12가지

6 평균과 가능성

101쪽 핵심 개념과 문제

1 31명 / 30명 **2** 기열

3 750회 **4** 12개

5 오후 4시 10분 **6** 41 kg

103쪽 핵심 개념과 문제

1 · ·
  ╳
  · ·

2 나, 다, 가, 라

3 반반이다 / $\frac{1}{2}$ **4** ㉡, ㉠, ㉢

5 가 **6** 다

104~109쪽 상위권 문제

유형 **1** (1) (2)

유제 **1** 유제 **2** 예

유형 **2** (1) 142.6 cm (2) 144.4 cm (3) 144 cm

유제 **3** 47 kg 유제 **4** 88점

유형 **3** (1) 420점 (2) 92점

유제 **5** 74번 유제 **6** 87점

유형 **4** (1) 230분 (2) 10 km (3) 23분

유제 **7** 74 km 유제 **8** 78 km

유형 ❺ (1) 504 kg, 316 kg (2) 20명 (3) 41 kg

유제 **9** 89점　　　　　유제 **10** 151 cm

유형 ❻ (1) 20대

(2) 예

대리점 방법	가	나	다	라	총합
1	84	88	97	91	360
2	89	93	92	86	360
3	84	93	92	91	360

유제 **11** 예

과목 방법	국어	수학	사회	과학	총점
1	97	100	85	78	360
2	87	90	95	88	360
3	92	90	80	98	360

110~113쪽 상위권 문제 확인과 응용

1 13

2 예

3 87점 / 95점　　　**4** 50 m²

5 ㉣, ㉠, ㉡, ㉢　　　**6** 46개

7 40 kg　　　**8** 9개

9 0　　　**10** 12.5초

11 15점

12

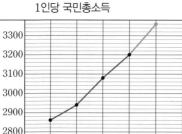

1인당 국민총소득

114~115쪽 최상위권 문제

1 26　　　**2** 15개

3 8　　　**4** 91점

5 4명　　　**6** 12명

Review Book

❶ 수의 범위와 어림하기

2~3쪽 복습 상위권 문제

1 30　　　**2** 54

3 238명 초과 245명 이하　　　**4** 351000원

5 6개　　　**6** 4개

7 72023　　　**8** 74500원

4~7쪽 복습 상위권 문제 확인과 응용

1 3개　　　**2** 34500원

3 4280개　　　**4** 29장

5 73900　　　**6** 15 cm 이상 24 cm 이하

7 0, 1, 2, 3, 4　　　**8** 9.578

9 501개　　　**10** 19349명

11 39000원　　　**12** 199장

8~9쪽 복습 최상위권 문제

1 34　　　**2** ㉮ 문방구

3 297상자　　　**4** 800

5 11명 초과 18명 미만　　　**6** 6개

❷ 분수의 곱셈

10~11쪽 복습 상위권 문제

1 4, 5, 6, 7　　　**2** 11 cm²

3 $2\frac{16}{25}$　　　**4** 오전 11시 52분

5 $25\frac{3}{5}$ m　　　**6** $23\frac{1}{2}$

7 $3\frac{1}{2}$　　　**8** $\frac{33}{500}$

12~15쪽 복습 상위권 문제 확인과 응용

1 $\dfrac{4}{63}$　　**2** $9\dfrac{5}{8}$ cm^2

3 $\dfrac{9}{25}$　　**4** 55

5 $70\dfrac{2}{3}$ cm　　**6** 오후 2시 33분 45초

7 $14\dfrac{1}{3}$　　**8** $\dfrac{27}{32}$

9 1771 m　　**10** 120개

11 $826\dfrac{1}{2}$ g　　**12** $\dfrac{1}{32}$ m^2

16~17쪽 복습 최상위권 문제

1 96　　**2** 20000원

3 $\dfrac{1}{361}$　　**4** $18\dfrac{2}{3}$

5 $\dfrac{5}{8}$ cm^2　　**6** $\dfrac{17}{56}$

❸ 합동과 대칭

18~19쪽 복습 상위권 문제

1 9 cm　　**2** 55°

3 3쌍　　**4** 52 cm

5 40°　　**6** 25 cm^2

20~23쪽 복습 상위권 문제 확인과 응용

1 9 cm　　**2** 63 cm

3 47°　　**4** 25°

5 64 cm^2　　**6** 184 cm^2

7 6쌍　　**8** 25°

9 6 cm　　**10** 216 cm^2

11 70°　　**12** 5번

24~25쪽 복습 최상위권 문제

1 104°　　**2** 30°

3 184 cm^2　　**4** 75 cm

5 135 cm^2　　**6** 36°

❹ 소수의 곱셈

26~27쪽 복습 상위권 문제

1 33.93　　**2** 70.88 cm^2

3 7, 8, 9, 10　　**4** 9.975 L

5 298.224　　**6** 6.144 m

7 9　　**8** 65 cm

28~31쪽 복습 상위권 문제 확인과 응용

1 1000배　　**2** 17장

3 0.2006　　**4** 400470원

5 119.2 cm　　**6** 612명

7 15.48 km　　**8** 16.0216

9 121.77 cm^2　　**10** 1.236 m

11 1억 6500만 km　　**12** 12.5 °C

32~33쪽 복습 최상위권 문제

1 7.35　　**2** 1

3 121.464 L　　**4** 378.02 km

5 10.935 cm^2　　**6** 3분

⑤ 직육면체

34~35쪽 복습 상위권 문제

1 5
2 118 cm
3 14 cm
4

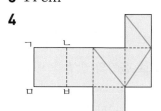

5 24개
6 노란색

36~39쪽 복습 상위권 문제 확인과 응용

1 1, 3, 4, 6
2 20 cm
3 24개
4 82 cm
5 84 cm
6 ㉡
7 108 cm
8 빨간색 선
9 1
10

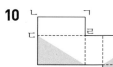

11 108 cm
12 448 cm

40~41쪽 복습 최상위권 문제

1 3가지
2 ㉤, ㉨
3 8개
4 예

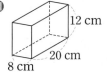

5 152개
6 20가지

⑥ 평균과 가능성

42~43쪽 복습 상위권 문제

1 예

2 73 cm
3 90점
4 8분
5 131 cm
6 예

과목 방법	국어	수학	사회	과학	총점
1	88	92	80	96	356
2	92	88	80	96	356
3	84	100	80	92	356

44~47쪽 복습 상위권 문제 확인과 응용

1 23
2 예

3 89명 / 74명
4 50 m²
5 ㉣, ㉠, ㉢, ㉡
6 30개
7 45 kg
8 9일
9 1
10 33.1초
11 15점
12

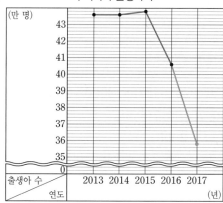

우리나라 출생아 수

48~49쪽 복습 최상위권 문제

1 7
2 16개
3 10
4 83점
5 6명
6 14명

❶ 수의 범위와 어림하기

1
```
├──┼──●──┼──┼──┼──┼──┤
15  16  17  18  19  20  21  22
```
2
```
├──○──┼──┼──┼──┼──●──┤
30  31  32  33  34  35  36  37
```

3 ㉠, ㉣

4 효선, 형욱, 수민

5 은주, 윤아

6 6000원

---

1 17 이상은 점 ●을 사용합니다.

2 31 초과는 점 ○을 사용하고, 36 이하는 점 ●을 사용합니다.

3 ㉠
```
├──┼──┼──●──┤
50  51  52  53  54
```
㉡
```
├──┼──●──┼──┤
50  51  52  53  54
```
㉢
```
├──┼──┼──○──┤
50  51  52  53  54
```
㉣
```
├──┼──○──┼──┤
50  51  52  53  54
```
⇨ 53을 포함하는 수의 범위는 ㉠, ㉣입니다.

4 몸무게가 40 kg 미만인 친구는 효선(38.9 kg), 형욱(39.5 kg), 수민(36.7 kg)입니다.

5 80점 이상 90점 미만인 학생은 은주(80점), 윤아(85점)입니다.

6 (택배의 무게)＝(물건의 무게)＋(상자의 무게)
＝4.2＋0.8＝5(kg)
따라서 5 kg이 속하는 범위는 2 kg 초과 5 kg 이하이므로 6000원을 내야 합니다.

1 (위에서부터) 2610, 2700, 3000
/ 75040, 75100, 76000

2 2000 / ＝ / 2000

3 0, 1, 2, 3, 4

4 다율

5 9번

6 51장

---

1 • 십의 자리: 2607 ⇨ 2610, 75038 ⇨ 75040
올립니다.　　　　올립니다.

• 백의 자리: 2607 ⇨ 2700, 75038 ⇨ 75100
올립니다.　　　　올립니다.

• 천의 자리: 2607 ⇨ 3000, 75038 ⇨ 76000
올립니다.　　　　올립니다.

2 2076 ⇨ 2000, 2950 ⇨ 2000
버립니다.　　 버립니다.

---

3 주어진 수의 백의 자리 수가 5이므로 십의 자리에서 버림한 것을 알 수 있습니다.
따라서 □ 안에 들어갈 수 있는 십의 자리 수는 0, 1, 2, 3, 4입니다.

4 유림이와 남훈이는 버림의 방법으로 어림해야 하고, 다율이는 반올림의 방법으로 어림해야 합니다.
따라서 어림하는 방법이 다른 한 사람은 다율입니다.

5 사과를 모두 옮겨야 하므로 올림의 방법을 이용합니다.
877을 올림하여 백의 자리까지 나타내면
877 ⇨ 900입니다.
따라서 최소 9번 옮겨야 합니다.

6 (저금통에 들어 있는 돈)
＝500×75＋100×118＋50×35
＝37500＋11800＋1750＝51050(원)
따라서 51050원을 1000원짜리 지폐로 바꾼다면 51000원을 바꿀 수 있으므로 최대 51장까지 바꿀 수 있습니다.

유형 ❶ (1) 35500 / 35000　(2) 500

유제 1 0.4

유제 2 풀이 참조, ㉠, ㉢, ㉡

유형 ❷ (1) 37, 36, 35, 34, 33, 32, 31, 30, 29, 28
(2) 28

유제 3 9

유제 4 36, 37, 38, 39, 40, 41, 42

유형 ❸ (1) 211명 / 252명
(2) 211명 이상 252명 이하

유제 5 288명 초과 325명 미만

유제 6
```
├┼┼┼┼○┼┼┼┼┼┼●┼┼┼┼┼┼┼┼┤
230 240 250 260 270 280 290 300 310 320
```

유형 ❹ (1) 81상자　(2) 972000원

유제 7 48묶음　　　**유제 8** 16250원

유형 ❺ (1) 3, 4 / 6, 7　(2) 4개

유제 9 6개　　　　**유제 10** 풀이 참조, 1.3

유형 ❻ (1) 281, 285, 512, 518, 521, 528, 581, 582, 812, 815
(2) 5개

유제 11 3개　　　　**유제 12** 3280

유형 **7** (1) 35500, 36499 (2) 35721
유제 **13** 64705   유제 **14** 3749
유형 **8** (1) 1600원 (2) 48250원
유제 **15** 68900원

유형 **1** (1) • 35468을 올림하여 백의 자리까지 나타내면
35468 ⇨ 35500입니다.
• 35468을 버림하여 천의 자리까지 나타내면
35468 ⇨ 35000입니다.
(2) 어림한 두 수의 차는 35500−35000=500
입니다.

유제 **1** 12.34를 올림하여 소수 첫째 자리까지 나타내면
12.34 ⇨ 12.4이고, 12.34를 버림하여 일의 자
리까지 나타내면 12.34 ⇨ 12입니다.
따라서 어림한 두 수의 차는 12.4−12=0.4입
니다.

유제 **2** **예** ㉠ 1984.9를 올림하여 십의 자리까지 나타내
면 1984.9 ⇨ 1990입니다.
㉡ 1984.9를 버림하여 백의 자리까지 나타내면
1984.9 ⇨ 1900입니다.
㉢ 1984.9를 반올림하여 일의 자리까지 나타내
면 1984.9 ⇨ 1985입니다.」❶
따라서 1990>1985>1900이므로 어림한 수가
큰 것부터 차례대로 기호를 쓰면 ㉠, ㉢, ㉡입
니다.」❷

채점 기준
❶ 1984.9를 각각 어림하여 나타낸 수 구하기
❷ 어림한 수가 큰 것부터 차례대로 기호 쓰기

유형 **2** (1) 수직선에 나타낸 수의 범위는 ㉠ 이상 38 미
만입니다. 38 미만인 수는 38을 포함하지 않
으므로 38 미만인 자연수를 큰 수부터 차례대
로 10개 쓰면 37, 36, 35, 34, 33, 32, 31,
30, 29, 28입니다.
(2) ㉠ 이상인 수는 ㉠을 포함하므로 ㉠에 알맞
은 자연수는 28입니다.

유제 **3** 수직선에 나타낸 수의 범위는 ㉠ 초과 17 이하
입니다. 17 이하인 수는 17을 포함하므로 17 이
하인 자연수를 큰 수부터 차례대로 8개 쓰면
17, 16, 15, 14, 13, 12, 11, 10입니다.
이때 ㉠ 초과인 수는 ㉠을 포함하지 않으므로
㉠에 알맞은 자연수는 10보다 1 작은 수인 9입
니다.

유제 **4** 수직선에 나타낸 수의 범위는 10 초과 ㉠ 미만
입니다.
10 초과인 수는 10을 포함하지 않고, ㉠ 미만인
수는 ㉠을 포함하지 않으므로 범위에 속하는 자
연수를 쓰면 11, 12, 13……(㉠−1)입니다.
이 중에서 7로 나누어떨어지는 수 4개는 14, 21,
28, 35입니다.
따라서 ㉠이 될 수 있는 자연수는 35보다 큰 수
이므로 36, 37, 38, 39, 40, 41, 42입니다.
주의 수직선에 나타낸 수가 ㉠ 미만이므로 ㉠을 포함하
지 않습니다. 따라서 7로 나누어떨어지는 수인 42도 ㉠
이 될 수 있습니다.

유형 **3** (1) 버스 5대에 42명씩 타고 1명이 버스 1대에
타면 42×5+1=211(명)이고,
버스 6대에 42명씩 모두 타면
42×6=252(명)입니다.
(2) 다솔이네 학교 5학년 학생은 211명 이상
252명 이하입니다.

유제 **5** 놀이 기구에 36명씩 태워 8번 운행하고 1명을
놀이 기구에 태워 1번 운행하면
36×8+1=289(명)이고,
놀이 기구에 36명씩 모두 태워 9번 운행하면
36×9=324(명)입니다.
따라서 규현이네 학교 5학년 학생은 288명 초과
325명 미만입니다.

유제 **6** 상자 7개에 35개씩 담고 1개를 상자 1개에 담으
면 35×7+1=246(개)이고, 상자 8개에 35개
씩 모두 담으면 35×8=280(개)입니다.
따라서 수지네 과수원에서 수확한 복숭아는 245
개 초과 280개 이하이므로 245 초과는 점 ○을,
280 이하는 점 ●을 사용하여 수직선에 나타냅
니다.

유형 **4** (1) 감자를 10 kg씩 상자에 담아서 팔아야 하므
로 10 kg이 안 되는 감자는 상자에 담아 팔
수 없습니다.
따라서 815를 버림하여 십의 자리까지 나타
내면 810이므로 감자는 810÷10=81(상자)
까지 팔 수 있습니다.
(2) 감자를 팔아서 받을 수 있는 돈은 모두
12000×81=972000(원)입니다.

유제 **7** 전체 학생 수는 234+245=479(명)이므로 필
요한 수첩은 479권입니다.

수첩을 10권씩 묶음으로만 사야 하므로 479를 올림하여 십의 자리까지 나타내면 480입니다.
따라서 수첩은 최소 480÷10＝48(묶음) 사야 합니다.

유제 8 막대 사탕 24개를 만드는 데 사용하는 설탕의 양은 320×24＝7680(g)입니다.
600 g짜리 설탕을 12봉지 사면
600×12＝7200(g)이고 막대 사탕 24개를 만들려면 7680−7200＝480(g)이 부족하므로 설탕은 최소 12＋1＝13(봉지)를 사야 합니다.
따라서 설탕은 한 봉지에 1250원이므로 설탕을 사는 데 필요한 돈은 최소
1250×13＝16250(원)입니다.

유형 ⑤ (1) 자연수 부분이 될 수 있는 수는 3 이상 4 이하인 수이므로 3, 4이고, 소수 첫째 자리 수가 될 수 있는 수는 6 이상 7 이하인 수이므로 6, 7입니다.
(2) 만들 수 있는 소수 한 자리 수는 3.6, 3.7, 4.6, 4.7로 모두 4개입니다.

유제 9 자연수 부분이 될 수 있는 수는 4 초과 8 미만인 수이므로 5, 6, 7이고, 소수 첫째 자리 수가 될 수 있는 수는 1 초과 4 미만인 수이므로 2, 3입니다.
따라서 만들 수 있는 소수 한 자리 수는 5.2, 5.3, 6.2, 6.3, 7.2, 7.3으로 모두 6개입니다.

유제 10 예 자연수 부분이 될 수 있는 수는 1, 2이고, 소수 첫째 자리 수가 될 수 있는 수는 6, 7, 8, 9이므로 만들 수 있는 소수 한 자리 수는 1.6, 1.7, 1.8, 1.9, 2.6, 2.7, 2.8, 2.9입니다. ❶
따라서 만들 수 있는 소수 한 자리 수 중에서 가장 큰 수 2.9와 가장 작은 수 1.6의 차는
2.9−1.6＝1.3입니다. ❷

채점 기준
❶ 만들 수 있는 소수 한 자리 수 모두 구하기
❷ 위 ❶에서 구한 수 중에서 가장 큰 수와 가장 작은 수의 차 구하기

유형 ⑥ (1) 백의 자리 수가 2, 5, 8인 세 자리 수를 만들면
215, 218, 251, 258, <u>281, 285, 512, 518, 521, 528, 581, 582, 812</u>, 815, 821, 825, 851, 852입니다. └─●280 이상 820 이하인 수
(2) 512÷2＝256, 518÷2＝259, 528÷2＝264, 582÷2＝291, 812÷2＝406 ⇨ 5개

유제 11 백의 자리 수가 3, 5인 세 자리 수를 만들면
315, 319, <u>351, 359, 391, 395, 513, 519, 531</u>, 539, 591, 593입니다. └─●319 초과 531 이하인 수
이 중에서 9로 나누어떨어지는 수는
351÷9＝39, 513÷9＝57, 531÷9＝59로 모두 3개입니다.

유제 12 • 천의 자리 수는 2 초과 4 이하인 수이므로 3, 4이고 이 중에서 더 작은 수는 3입니다.
• 백의 자리 수는 1 이상인 수이므로 3을 제외한 2, 4, 8이고 이 중에서 가장 작은 수는 2입니다.
• 십의 자리 수는 4 초과인 수이므로 8입니다.
• 일의 자리 수는 남은 0, 4 중에서 가장 작은 수를 구하는 것이므로 0입니다.
⇨ 3280

유형 ⑦ (1) 백의 자리에서 반올림하여 나타낸 수가 36000이 되는 다섯 자리 수의 범위는 35500 이상 36499 이하인 수입니다.
(2) ■▲721은 35500 이상 36499 이하인 수이므로 만의 자리 수는 3입니다.
3▲721에서 백의 자리 수가 7이므로 천의 자리 수는 5입니다.
따라서 어림하기 전의 다섯 자리 수는 35721입니다.

유제 13 버림하여 백의 자리까지 나타낸 수가 64700이 되는 다섯 자리 수의 범위는 64700 이상 64799 이하인 수입니다.
6●◆05는 64700 이상 64799 이하인 수이므로 천의 자리 수는 4, 백의 자리 수는 7입니다.
따라서 어림하기 전의 다섯 자리 수는 64705입니다.

유제 14 • 반올림하여 백의 자리까지 나타낸 수가 3700이 되는 네 자리 수의 범위: 3650 이상 3749 이하인 수
• 올림하여 백의 자리까지 나타낸 수가 3800이 되는 네 자리 수의 범위: 3701 이상 3800 이하인 수

따라서 어림하기 전의 수가 될 수 있는 수의 범위는 3701 이상 3749 이하인 수이고, 이 중에서 가장 큰 네 자리 수는 3749입니다.
참고 공통인 수의 범위는 각 범위를 수직선 위에 나타내어 겹치는 범위입니다.

유형 8 (1) 월 사용량 350 kWh의 기본요금은 200 kWh 초과 400 kWh 이하 사용 구간이므로 1600원입니다.

(2) (한 달 동안 전기를 350 kWh 사용했을 때 전기 요금)
$= 1600 + 200 \times 93 + 150 \times 187$
$= 1600 + 18600 + 28050 = 48250$(원)

유제 15 (9월 전력 사용량)
$=$ (9월 수치) $-$ (8월 수치)
$= 3780 - 3360 = 420$(kWh)
월 사용량 420 kWh의 기본요금은 400 kWh 초과 사용 구간이므로 7300원입니다.
따라서 종현이네 집의 9월 전기 요금은
$7300 + 200 \times 93 + 200 \times 187 + 20 \times 280$
$= 7300 + 18600 + 37400 + 5600$
$= 68900$(원)입니다.

상위권 문제 확인과 응용 18~21쪽

1 2개 **2** 2600원
3 4887권 **4** 21장
5 73000
6 풀이 참조, 14 cm 초과 27 cm 미만
7 5, 6, 7, 8, 9 **8** 9.837
9 풀이 참조, 50개 **10** 35502 kg
11 191400원 **12** 500개

---

1 수직선에 나타낸 수의 범위는 16 이상 24 미만인 수입니다.
따라서 16에서 23까지의 자연수 중에서 3으로 나누어떨어지는 수는 18, 21로 모두 2개입니다.

2 (우편 요금)
$=$ (5 g인 편지 2통의 요금)
$+$ (15 g인 편지 3통의 요금)
$+$ (25 g인 편지 2통의 요금)
$= 350 \times 2 + 380 \times 3 + 380 \times 2$
$= 700 + 1140 + 760 = 2600$(원)

3 버림하여 십의 자리까지 나타낸 수가 1620이 되는 자연수의 범위는 1620 이상 1629 이하인 수입니다.
따라서 학생 수가 가장 많은 경우에도 수첩이 모자라지 않아야 하므로 최소 $1629 \times 3 = 4887$(권)을 준비해야 합니다.

4 • 23800을 올림하여 만의 자리까지 나타내면 30000이므로 동준이는 10000원짜리 지폐를 최소 3장 내야 합니다.
• 23800을 올림하여 천의 자리까지 나타내면 24000이므로 은서는 1000원짜리 지폐를 최소 24장 내야 합니다.
따라서 두 사람이 내야 할 최소 지폐 수의 차는 $24 - 3 = 21$(장)입니다.

5 • 만들 수 있는 가장 큰 수: 87541
• 만들 수 있는 가장 작은 수: 14578
반올림하여 천의 자리까지 나타내면 각각
$87541 \Rightarrow 88000, 14578 \Rightarrow 15000$입니다.
따라서 어림한 두 수의 차는
$88000 - 15000 = 73000$입니다.

6 예 (정오각형의 한 변의 길이)
$=$ (정오각형의 모든 변의 길이의 합) $\div 5$이므로
모든 변의 길이의 합이 70 cm일 때 정오각형의 한 변의 길이는 $70 \div 5 = 14$(cm)이고,
모든 변의 길이의 합이 135 cm일 때 정오각형의 한 변의 길이는 $135 \div 5 = 27$(cm)입니다. ❶
따라서 정오각형의 한 변의 길이는 14 cm 초과 27 cm 미만입니다. ❷

> **채점 기준**
> ❶ 정오각형의 모든 변의 길이의 합이 70 cm, 135 cm일 때 정오각형의 한 변의 길이 각각 구하기
> ❷ 정오각형의 한 변의 길이는 몇 cm 초과 몇 cm 미만인지 구하기

7 • 39□1에서 □$=0$이라 하더라도 올림하여 백의 자리까지 나타내면 4000입니다.
• 39□1을 반올림하여 백의 자리까지 나타낸 수가 4000이 되어야 하므로 □ 안에 들어갈 수 있는 수는 5 이상 9 이하인 수입니다.
따라서 □ 안에 들어갈 수 있는 수는 5, 6, 7, 8, 9입니다.

8 • 자연수 부분은 가장 큰 한 자리 수이므로 9입니다.
$\Rightarrow$ 9.□□□
• 소수 첫째 자리 수는 7 초과 9 미만인 수이므로 8입니다. $\Rightarrow$ 9.8□□
• 소수 둘째 자리 수는 3 이상 4 미만인 수이므로 3입니다. $\Rightarrow$ 9.83□
• 각 자리 수의 합이 27이므로 $9 + 8 + 3 + □ = 27$, □$=7$입니다. $\Rightarrow$ 9.837

9 **예** 버림하여 백의 자리까지 나타낸 수가 1400이 되는 자연수의 범위는 1400 이상 1499 이하인 수입니다.」❶

반올림하여 백의 자리까지 나타낸 수가 1400이 되는 자연수의 범위는 1350 이상 1449 이하인 수입니다.」❷

따라서 조건을 모두 만족하는 네 자리 수의 범위는 1400 이상 1449 이하인 수이므로 모두 1449－1400＋1＝50(개)입니다.」❸

채점 기준
❶ 버림하여 백의 자리까지 나타낸 수가 1400이 되는 자연수의 범위 구하기
❷ 반올림하여 백의 자리까지 나타낸 수가 1400이 되는 자연수의 범위 구하기
❸ 조건을 모두 만족하는 네 자리 수의 개수 구하기

10 백의 자리에서 반올림하여 나타낸 수가 574000이 되는 자연수의 범위는 573500 이상 574499 이하인 수이고, 올림하여 만의 자리까지 나타낸 수가 620000이 되는 자연수의 범위는 610001 이상 620000 이하인 수입니다.

밀가루 생산량의 차가 가장 작을 때는 올해의 가장 적은 양인 610001 kg과 지난해의 가장 많은 양인 574499 kg일 때입니다.

따라서 밀가루 생산량의 차가 가장 작을 때의 차는 610001－574499＝35502(kg)입니다.

11 나이에 따른 요금을 알아보면 만 72세인 할머니는 경로 요금, 만 45세인 아버지와 만 43세인 어머니는 어른 요금, 만 12세인 은지는 어린이 요금을 내야 합니다.

따라서 경로 요금 1명, 어른 요금 2명, 어린이 요금 1명이므로 은지네 가족 4명이 내야 할 요금은 모두 41900＋59800×2＋29900
＝41900＋119600＋29900＝191400(원)입니다.

12 백의 자리에서 반올림하여 나타낸 수가 19000이 되는 자연수의 범위는 18500 이상 19499 이하인 수이므로 입장객 수의 범위는 18500명 이상 19499명 이하입니다.

따라서 나누어 주고 남는 응원 깃발이 가장 많은 경우는 입장객 수가 가장 적은 경우인 18500명일 때이므로 남는 응원 깃발은 19000－18500＝500(개)입니다.

최상위권 문제 22~23쪽

1 42 **2** ㉯ 문방구
3 2997대 **4** 50
5 6명 초과 16명 미만 **6** 24개

1 비법 PLUS⁺ • ▦ 초과 ▲ 이하인 자연수 ⇨ (▲－▦)개
• ▦ 이상 ▲ 미만인 자연수 ⇨ (▲－▦)개

• 40 초과 ㉮ 이하인 자연수는 12개이므로
㉮－40＝12, ㉮＝12＋40＝52입니다.
• ㉯ 이상 25 미만인 자연수는 15개이므로
25－㉯＝15, ㉯＝25－15＝10입니다.
⇨ ㉮－㉯＝52－10＝42

2 비법 PLUS⁺ 자를 부족하지 않게 묶음으로만 사야 하므로 올림의 방법을 이용합니다.

(윤우네 학교 전체 학생 수)＝320＋315＝635(명)
• ㉮ 문방구: 635를 올림하여 십의 자리까지 나타내면 640이므로 최소 64묶음을 사야 합니다. ⇨ 6000×64＝384000(원)
• ㉯ 문방구: 635÷30＝21…5이므로 최소 21＋1＝22(묶음)을 사야 합니다.
⇨ 16000×22＝352000(원)
따라서 384000＞352000이므로 ㉯ 문방구에서 더 싸게 살 수 있습니다.

3 비법 PLUS⁺ 먼저 각 지역의 자동차 판매량 대수의 범위를 이상과 이하를 사용하여 나타내어 봅니다.

• 가 지역: 반올림하여 천의 자리까지 나타낸 수가 12000이 되는 자연수의 범위
⇨ 11500 이상 12499 이하인 수
• 나 지역: 반올림하여 천의 자리까지 나타낸 수가 5000이 되는 자연수의 범위
⇨ 4500 이상 5499 이하인 수
• 다 지역: 반올림하여 천의 자리까지 나타낸 수가 10000이 되는 자연수의 범위
⇨ 9500 이상 10499 이하인 수
따라서 세 지역의 자동차 판매량이 가장 많을 때는 12499＋5499＋10499＝28497(대)이고, 가장 적을 때는 11500＋4500＋9500＝25500(대)이므로 판매량의 차는 28497－25500＝2997(대)입니다.

4 비법 PLUS 먼저 만의 자리 수가 4인 가장 큰 수와 만의 자리 수가 5인 가장 작은 수를 만들어 50000에 더 가까운 수를 찾습니다.

만의 자리 수가 4인 가장 큰 수는 49851이고, 만의 자리 수가 5인 가장 작은 수는 50148입니다.
$50000-49851=149$, $50148-50000=148$이므로 50000에 더 가까운 수는 50148입니다.
따라서 50148을 올림하여 백의 자리까지 나타내면 50200이고, 반올림하여 십의 자리까지 나타내면 50150이므로 두 수의 차는 $50200-50150=50$입니다.

5 비법 PLUS 축구 또는 야구를 좋아하는 학생은 전체 학생 24명보다 많을 수 없고, 축구와 야구를 모두 좋아하는 학생은 야구를 좋아하는 학생 15명을 넘지 않습니다.

• 축구 또는 야구를 좋아하는 학생은 전체 학생보다 많을 수 없으므로 축구와 야구를 모두 좋아하는 학생은 $16+15-24=7$(명) 이상입니다.
• 축구와 야구를 모두 좋아하는 학생은 야구를 좋아하는 학생을 넘을 수 없으므로 15명 이하입니다.
따라서 축구와 야구를 모두 좋아하는 학생은 7명 이상 15명 이하이므로 초과와 미만을 사용하여 나타내면 6명 초과 16명 미만입니다.

6 비법 PLUS 먼저 천의 자리에서 반올림하여 나타내면 70000이 되는 자연수의 범위를 알아봅니다.

천의 자리에서 반올림하여 나타낸 수가 70000이 되는 자연수의 범위: 65000 이상 74999 이하인 수
• 만의 자리 수가 6이라 하면 6☐☐☐☐에서 천의 자리 수가 될 수 있는 수는 7, 9입니다.
  ┌ 67☐☐☐인 경우: 67249, 67294, 67429, 67492, 67924, 67942 ⇨ 6개
  └ 69☐☐☐인 경우: 69247, 69274, 69427, 69472, 69724, 69742 ⇨ 6개
• 만의 자리 수가 7이라 하면 7☐☐☐☐에서 천의 자리 수가 될 수 있는 수는 2, 4입니다.
  ┌ 72☐☐☐인 경우: 72469, 72496, 72649, 72694, 72946, 72964 ⇨ 6개
  └ 74☐☐☐인 경우: 74269, 74296, 74629, 74692, 74926, 74962 ⇨ 6개
따라서 천의 자리에서 반올림하여 나타낸 수가 70000이 되는 수는 모두 $6+6+6+6=24$(개)입니다.

② 분수의 곱셈

핵심 개념과 문제   27쪽

1 ㉠, ㉢

2 $25 \times 2\frac{2}{15} = \overset{5}{25} \times \frac{32}{\underset{3}{15}} = \frac{160}{3} = 53\frac{1}{3}$

3 12판   **4** $2\frac{2}{5}$ m

5 예 가로가 28 cm, 세로가 $2\frac{1}{2}$ cm인 직사각형 모양의 종이가 있습니다. 종이의 넓이는 몇 cm^2입니까? / 예 70 cm^2

6 지우

5 $28 \times 2\frac{1}{2} = \overset{14}{28} \times \frac{5}{\underset{1}{2}} = 70(cm^2)$

6 1분은 60초이므로 1분의 $\frac{1}{6}$ 은 $60 \times \frac{1}{6} = 10$(초)입니다. 따라서 잘못 말한 친구는 지우입니다.

핵심 개념과 문제   29쪽

1 $3\frac{5}{7} \times 1\frac{3}{4} = \frac{\overset{13}{26}}{\underset{1}{7}} \times \frac{7}{\underset{2}{4}} = \frac{13}{2} = 6\frac{1}{2}$

2 =   **3** $\frac{1}{6}$

4 3, 5 (또는 5, 3)   **5** $1\frac{1}{12}$ cm^2

6 $56\frac{1}{4}$ kg

5 • ㉠: $2\frac{1}{4} \times 2\frac{1}{3} = \frac{9}{4} \times \frac{7}{\underset{1}{3}} = \frac{21}{4} = 5\frac{1}{4}(cm^2)$

　 • ㉡: $3\frac{3}{4} \times 1\frac{1}{9} = \frac{15}{\underset{2}{4}} \times \frac{\overset{5}{10}}{\underset{3}{9}} = \frac{25}{6} = 4\frac{1}{6}(cm^2)$

　 ⇨ $5\frac{1}{4} - 4\frac{1}{6} = 5\frac{3}{12} - 4\frac{2}{12} = 1\frac{1}{12}(cm^2)$

6 $35 \times \frac{6}{7} \times 1\frac{7}{8} = 35 \times \frac{\overset{3}{6}}{\underset{1}{7}} \times \frac{15}{\underset{4}{8}}$

　　　 $= \frac{225}{4} = 56\frac{1}{4}(kg)$

상위권 문제 30~37쪽

유형 ① (1) 25, 40 (2) 7, 8, 9

유제 1 6, 7, 8 　　　　　**유제 2** 2개

유형 ② (1) $27\frac{1}{5}$ cm² / $10\frac{11}{15}$ cm²

　　　　(2) $37\frac{14}{15}$ cm²

유제 3 $73\frac{2}{3}$ cm² 　　**유제 4** $115\frac{1}{3}$ cm²

유형 ③ (1) $4\frac{1}{2}$ (2) $1\frac{1}{2}$ (3) $2\frac{2}{3}$

유제 5 $3\frac{5}{12}$ 　　　　　**유제 6** 4

유형 ④ (1) 14분 (2) 오후 2시 14분

유제 7 오전 9시 42분

유제 8 풀이 참조, 오전 6시 1분 8초

유형 ⑤ (1) 36 m (2) 27 m

유제 9 $7\frac{14}{25}$ m

유제 10 풀이 참조, $38\frac{2}{3}$ m

유형 ⑥ (1) 8, $6\frac{3}{4}$ (2) 54

유제 11 $11\frac{5}{9}$ 　　　　**유제 12** $6\frac{11}{14}$

유형 ⑦ (1) 5, 6, 7, 8 (2) $2\frac{2}{3}$

유제 13 $\frac{2}{7}$ 　　　　　**유제 14** $4\frac{3}{5}$

유형 ⑧ (1) $\frac{2}{5}$ (2) $\frac{1}{10}$

유제 15 $\frac{1}{200}$ 　　　　**유제 16** $\frac{21}{1208}$

유형 ① (1) $\frac{1}{40} < \frac{1}{4 \times \blacksquare} < \frac{1}{25}$ 에서 $25 < 4 \times \blacksquare < 40$ 입니다.

(2) $25 < 4 \times \blacksquare < 40$ 이므로 ■ 안에 들어갈 수 있는 자연수는 7, 8, 9입니다.

유제 1 $\frac{1}{\square} \times \frac{1}{6} = \frac{1}{\square \times 6}$ 이므로

$\frac{1}{50} < \frac{1}{\square \times 6} < \frac{1}{30}$ 에서 $30 < \square \times 6 < 50$ 입니다.

따라서 □ 안에 들어갈 수 있는 자연수는 6, 7, 8입니다.

유제 2 $\dfrac{\overset{1}{\cancel{13}}}{\underset{3}{\cancel{81}}} \times \dfrac{\overset{1}{\cancel{27}}}{\underset{8}{\cancel{104}}} = \dfrac{1}{24}$, $\dfrac{1}{5} \times \dfrac{1}{\square} = \dfrac{1}{5 \times \square}$,

$\dfrac{\overset{1}{\cancel{5}}}{\underset{2}{\cancel{12}}} \times \dfrac{\overset{1}{\cancel{6}}}{\underset{5}{\cancel{25}}} = \dfrac{1}{10}$ 이므로 $\dfrac{1}{24} < \dfrac{1}{5 \times \square} < \dfrac{1}{10}$

에서 $10 < 5 \times \square < 24$입니다.

따라서 □ 안에 들어갈 수 있는 자연수는 3, 4 로 모두 2개입니다.

유형 ② (1) • (㉠의 넓이) $= 8 \times 3\frac{2}{5} = 8 \times \frac{17}{5}$

$= \frac{136}{5} = 27\frac{1}{5}$ (cm²)

• (㉡의 넓이) $= 4\frac{3}{5} \times 2\frac{1}{3} = \frac{23}{5} \times \frac{7}{3}$

$= \frac{161}{15} = 10\frac{11}{15}$ (cm²)

(2) (도형의 넓이) $= 27\frac{1}{5} + 10\frac{11}{15}$

$= 37\frac{14}{15}$ (cm²)

유제 3

(도형의 넓이)

= (큰 직사각형의 넓이) − (작은 직사각형의 넓이)

$= 10\frac{1}{2} \times 8\frac{4}{7} - 5\frac{1}{4} \times 3\frac{1}{9}$

$= \dfrac{\overset{3}{\cancel{21}}}{\underset{1}{\cancel{2}}} \times \dfrac{\overset{30}{\cancel{60}}}{\underset{1}{\cancel{7}}} - \dfrac{\overset{7}{\cancel{21}}}{\underset{1}{\cancel{4}}} \times \dfrac{\overset{7}{\cancel{28}}}{\underset{3}{\cancel{9}}}$

$= 90 - \frac{49}{3} = 90 - 16\frac{1}{3} = 73\frac{2}{3}$ (cm²)

유제 4 (도형의 넓이)

= (직사각형의 넓이) + (삼각형의 넓이)

$= 16 \times 5\frac{5}{6} + 16 \times 2\frac{3}{4} \div 2$

$= \overset{8}{\cancel{16}} \times \dfrac{35}{\underset{3}{\cancel{6}}} + \overset{4}{\cancel{16}} \times \dfrac{11}{\underset{1}{\cancel{4}}} \div 2$

$= \frac{280}{3} + 22 = 93\frac{1}{3} + 22 = 115\frac{1}{3}$ (cm²)

유형 ❸ (1) $5\dfrac{2}{3}-1\dfrac{1}{6}=5\dfrac{4}{6}-1\dfrac{1}{6}=4\dfrac{3}{6}=4\dfrac{1}{2}$

(2) $1\dfrac{1}{6}$과 ㉠ 사이의 거리는 $1\dfrac{1}{6}$과 $5\dfrac{2}{3}$ 사이의

거리를 3등분한 것 중의 1이므로

$4\dfrac{1}{2}\times\dfrac{1}{3}=\dfrac{\overset{3}{\cancel{9}}}{2}\times\dfrac{1}{\cancel{3}}=\dfrac{3}{2}=1\dfrac{1}{2}$입니다.

(3) $1\dfrac{1}{6}+1\dfrac{1}{2}=1\dfrac{1}{6}+1\dfrac{3}{6}=2\dfrac{4}{6}=2\dfrac{2}{3}$

유제 5 $\left(1\dfrac{1}{4}과 9\dfrac{11}{12} 사이의 거리\right)$

$=9\dfrac{11}{12}-1\dfrac{1}{4}=9\dfrac{11}{12}-1\dfrac{3}{12}=8\dfrac{8}{12}=8\dfrac{2}{3}$

$1\dfrac{1}{4}$과 ㉠ 사이의 거리는 $1\dfrac{1}{4}$과 $9\dfrac{11}{12}$ 사이의

거리를 4등분 한 것 중의 1이므로

$8\dfrac{2}{3}\times\dfrac{1}{4}=\dfrac{\overset{13}{\cancel{26}}}{3}\times\dfrac{1}{\underset{2}{\cancel{4}}}=\dfrac{13}{6}=2\dfrac{1}{6}$입니다.

따라서 ㉠에 알맞은 수는

$1\dfrac{1}{4}+2\dfrac{1}{6}=1\dfrac{3}{12}+2\dfrac{2}{12}=3\dfrac{5}{12}$입니다.

유제 6 $\left(1\dfrac{1}{2}과 7\dfrac{3}{4} 사이의 거리\right)$

$=7\dfrac{3}{4}-1\dfrac{1}{2}=7\dfrac{3}{4}-1\dfrac{2}{4}=6\dfrac{1}{4}$

$1\dfrac{1}{2}$과 ㉠ 사이의 거리는 $1\dfrac{1}{2}$과 $7\dfrac{3}{4}$ 사이의

거리를 5등분 한 것 중의 2이므로

$6\dfrac{1}{4}\times\dfrac{2}{5}=\dfrac{\overset{5}{\cancel{25}}}{\underset{2}{\cancel{4}}}\times\dfrac{\overset{1}{\cancel{2}}}{\underset{1}{\cancel{5}}}=\dfrac{5}{2}=2\dfrac{1}{2}$입니다.

따라서 ㉠에 알맞은 수는 $1\dfrac{1}{2}+2\dfrac{1}{2}=4$입니다.

유형 ❹ (1) $1\dfrac{2}{5}\times10=\dfrac{7}{\cancel{5}}\times\overset{2}{\cancel{10}}=14$(분)

(2) 오후 2시$+14$분$=$오후 2시 14분

유제 7 수민이의 시계가 8일 동안 느려지는 시간은

$2\dfrac{1}{4}\times8=\dfrac{9}{\cancel{4}}\times\overset{2}{\cancel{8}}=18$(분)입니다.

따라서 8일 후 오전 10시에 수민이의 시계가 가리키는 시각은 오전 10시-18분$=$오전 9시 42분입니다.

유제 8 에 오늘 오후 6시부터 내일 오전 6시까지는 12시간이므로 선호의 시계가 12시간 동안 빨라지는 시간은 $5\dfrac{2}{3}\times12=\dfrac{17}{\cancel{3}}\times\overset{4}{\cancel{12}}=68$(초)

➡ 1분 8초입니다. ❶ 따라서 내일 오전 6시에 선호의 시계가 가리키는 시각은 오전 6시$+1$분 8초$=$오전 6시 1분 8초입니다. ❷

채점 기준
❶ 선호의 시계가 12시간 동안 빨라지는 시간 구하기
❷ 내일 오전 6시에 선호의 시계가 가리키는 시각 구하기

유형 ❺ (1) $\overset{12}{\cancel{48}}\times\dfrac{3}{\underset{1}{\cancel{4}}}=36$(m) (2) $\overset{9}{\cancel{36}}\times\dfrac{3}{\underset{1}{\cancel{4}}}=27$(m)

유제 9 •(땅에 한 번 닿았다가 튀어 올랐을 때의 높이)

$=\overset{7}{\cancel{35}}\times\dfrac{3}{\underset{1}{\cancel{5}}}=21$(m)

•(땅에 두 번 닿았다가 튀어 올랐을 때의 높이)

$=21\times\dfrac{3}{5}=\dfrac{63}{5}=12\dfrac{3}{5}$(m)

➡ (땅에 세 번 닿았다가 튀어 올랐을 때의 높이)

$=12\dfrac{3}{5}\times\dfrac{3}{5}=\dfrac{63}{5}\times\dfrac{3}{5}=7\dfrac{14}{25}$(m)

유제 10 에 공이 땅에 한 번 닿았다가 튀어 올랐을 때의 높이는 $\overset{4}{\cancel{12}}\times\dfrac{2}{\underset{1}{\cancel{3}}}=8$(m)입니다. ❶

공이 땅에 두 번 닿았다가 튀어 올랐을 때의 높이는 $8\times\dfrac{2}{3}=\dfrac{16}{3}=5\dfrac{1}{3}$(m)입니다. ❷

따라서 공이 세 번째로 땅에 닿을 때까지 움직인 거리는 $12+8\times2+5\dfrac{1}{3}\times2=12+16+10\dfrac{2}{3}$

$=38\dfrac{2}{3}$(m)입니다. ❸

채점 기준
❶ 공이 땅에 한 번 닿았다가 튀어 올랐을 때의 높이 구하기
❷ 공이 땅에 두 번 닿았다가 튀어 올랐을 때의 높이 구하기
❸ 공이 세 번째로 땅에 닿을 때까지 움직인 거리 구하기

유형 ❻ (1) 자연수에 가장 큰 수를 놓아야 하므로 8을 놓고, 나머지 수 3, 4, 6으로 가장 큰 대분수를 만들면 $6\dfrac{3}{4}$이므로 $8\times6\dfrac{3}{4}$입니다.

(2) $8\times6\dfrac{3}{4}=\overset{2}{\cancel{8}}\times\dfrac{27}{\underset{1}{\cancel{4}}}=54$

유제 11 자연수에 가장 작은 수를 놓아야 하므로 2를 놓고, 나머지 수 5, 7, 9로 가장 작은 대분수를 만들면 $5\frac{7}{9}$이므로 $5\frac{7}{9} \times 2$입니다.

따라서 계산 결과가 가장 작을 때의 곱은

$5\frac{7}{9} \times 2 = \frac{52}{9} \times 2 = \frac{104}{9} = 11\frac{5}{9}$입니다.

유제 12 대분수의 자연수 부분에 가장 큰 수를 놓아야 하므로 9를 놓고, 나머지 수 1, 2, 5, 7로 만들 수 있는 큰 진분수 2개는 $\frac{5}{7}$, $\frac{1}{2}$입니다.

$\frac{5}{7} \times 9\frac{1}{2} = \frac{5}{7} \times \frac{19}{2} = \frac{95}{14} = 6\frac{11}{14}$,

$\frac{1}{2} \times 9\frac{5}{7} = \frac{1}{2} \times \frac{\overset{34}{68}}{7} = \frac{34}{7} = 4\frac{6}{7}$

유형 ⑦ (2) $\frac{\overset{1}{\cancel{4}}}{3} \times \frac{\overset{1}{\cancel{5}}}{\underset{1}{\cancel{4}}} \times \frac{\overset{1}{\cancel{6}}}{\underset{1}{\cancel{5}}} \times \frac{\overset{1}{\cancel{7}}}{\underset{1}{\cancel{6}}} \times \frac{8}{\underset{1}{\cancel{7}}} = \frac{8}{3} = 2\frac{2}{3}$

유제 13 $\left(1-\frac{1}{3}\right) \times \left(1-\frac{1}{4}\right) \times \left(1-\frac{1}{5}\right) \times \left(1-\frac{1}{6}\right) \times$

$\left(1-\frac{1}{7}\right) = \frac{2}{3} \times \frac{\overset{1}{\cancel{3}}}{\underset{1}{\cancel{4}}} \times \frac{\overset{1}{\cancel{4}}}{\underset{1}{\cancel{5}}} \times \frac{\overset{1}{\cancel{5}}}{\underset{1}{\cancel{6}}} \times \frac{\overset{1}{\cancel{6}}}{7} = \frac{2}{7}$

유제 14 $\left(1+\frac{2}{5}\right) \times \left(1+\frac{2}{7}\right) \times \left(1+\frac{2}{9}\right) \times \cdots\cdots$

$\times \left(1+\frac{2}{19}\right) \times \left(1+\frac{2}{21}\right)$

$= \frac{7}{5} \times \frac{\overset{1}{\cancel{9}}}{\underset{1}{\cancel{7}}} \times \frac{\overset{1}{\cancel{11}}}{\underset{1}{\cancel{9}}} \times \cdots\cdots \times \frac{\overset{1}{\cancel{21}}}{\underset{1}{\cancel{19}}} \times \frac{23}{\underset{1}{\cancel{21}}}$

$= \frac{23}{5} = 4\frac{3}{5}$

유형 ⑧ (1) $\frac{7}{10} \times \left(1-\frac{3}{7}\right) = \frac{\overset{1}{\cancel{7}}}{\underset{5}{\cancel{10}}} \times \frac{\overset{2}{\cancel{4}}}{\underset{1}{\cancel{7}}} = \frac{2}{5}$

(2) $\frac{1}{2} - \frac{2}{5} = \frac{5}{10} - \frac{4}{10} = \frac{1}{10}$

유제 15 아시아를 뺀 5개의 대륙에 사는 인구는 지구 전체 인구의 $1-\frac{3}{5} = \frac{2}{5}$입니다.

따라서 오세아니아에 사는 인구는 지구 전체 인구의 $\frac{\overset{1}{\cancel{2}}}{5} \times \frac{1}{\underset{40}{\cancel{80}}} = \frac{1}{200}$입니다.

유제 16 육지에 있는 물은 지구 전체 물의

$1-\frac{39}{40} = \frac{1}{40}$입니다.

따라서 빙하는 지구 전체 물의

$\frac{1}{\underset{8}{\cancel{40}}} \times \frac{\overset{21}{\cancel{105}}}{151} = \frac{21}{1208}$입니다.

상위권 문제 확인과 응용   38~41쪽

1 $\frac{5}{84}$	**2** 12 cm²
3 풀이 참조, $\frac{20}{27}$	**4** 20
5 80 cm	**6** 오후 12시 16분 20초
7 $50\frac{1}{2}$	**8** $\frac{24}{25}$
9 풀이 참조, 4165 m	**10** 10500원
11 $293\frac{1}{2}$ g	**12** $\frac{27}{64}$

1 진분수는 분모가 클수록, 분자가 작을수록 작은 수가 됩니다.

$\Rightarrow \frac{\overset{1}{\cancel{2}} \times \overset{1}{\cancel{3}} \times 5}{7 \times \underset{4}{\cancel{8}} \times \underset{3}{\cancel{9}}} = \frac{5}{84}$

2 $\left(6\frac{2}{5} \times 1\frac{7}{8} \div 2\right) \times 2 = \left(\frac{\overset{4}{\cancel{32}}}{5} \times \frac{\overset{3}{\cancel{15}}}{\underset{1}{\cancel{8}}} \div 2\right) \times 2$

$= 12(\text{cm}^2)$

3 예 어떤 수를 □라 하면 $\square + \frac{5}{6} = 1\frac{13}{18}$이므로

$\square = 1\frac{13}{18} - \frac{5}{6} = \frac{31}{18} - \frac{15}{18} = \frac{16}{18} = \frac{8}{9}$입니다.❶

따라서 바르게 계산하면 $\frac{\overset{4}{\cancel{8}}}{9} \times \frac{5}{\underset{3}{\cancel{6}}} = \frac{20}{27}$입니다.❷

채점 기준	
❶ 어떤 수 구하기	
❷ 바르게 계산한 값 구하기	

4 $\frac{\overset{3}{\cancel{12}}}{25} \times \frac{\overset{1}{\cancel{5}}}{\underset{4}{\cancel{16}}} \times \square = \frac{3}{20} \times \square$가 자연수가 되려면 약

분하여 분모가 1이 되어야 합니다. 따라서 □ 안에 들어갈 수 있는 가장 작은 자연수는 20입니다.

5 • (색 테이프 21장의 길이의 합)

$=4\frac{9}{14}\times21=\frac{65}{\underset{2}{\cancel{14}}}\times\overset{3}{\cancel{21}}=\frac{195}{2}=97\frac{1}{2}$(cm)

• (겹쳐진 부분)$=21-1=20$(군데)

• (겹쳐진 부분의 길이의 합)

$=\frac{7}{\underset{2}{\cancel{8}}}\times\overset{5}{\cancel{20}}=\frac{35}{2}=17\frac{1}{2}$(cm)

⇨ (이어 붙인 색 테이프 전체의 길이)

$=97\frac{1}{2}-17\frac{1}{2}=80$(cm)

6 2주일은 14일이므로 민정이의 시계가 2주일 동안 빨라지는 시간은

$1\frac{1}{6}\times14=\frac{7}{\underset{3}{\cancel{6}}}\times\overset{7}{\cancel{14}}=\frac{49}{3}=16\frac{1}{3}$(분)입니다.

따라서 $16\frac{1}{3}$분$=16\frac{20}{60}$분$=16$분 20초이므로 2주일 후 낮 12시에 민정이의 시계가 가리키는 시각은 낮 12시+16분 20초=오후 12시 16분 20초입니다.

7 $\left(2\frac{1}{2}\right.$과 $\left.4\frac{1}{4}\text{ 사이의 거리}\right)=4\frac{1}{4}-2\frac{1}{2}=1\frac{3}{4}$

$2\frac{1}{2}$과 ㉠ 사이의 거리는 $2\frac{1}{2}$과 $4\frac{1}{4}$ 사이의 거리를 8등분 한 것 중의 3이므로

$1\frac{3}{4}\times\frac{3}{8}=\frac{7}{4}\times\frac{3}{8}=\frac{21}{32}$이고 ㉠에 알맞은 수는

$2\frac{1}{2}+\frac{21}{32}=2\frac{16}{32}+\frac{21}{32}=2\frac{37}{32}=3\frac{5}{32}$입니다.

⇨ ㉠$\times16=3\frac{5}{32}\times16=\frac{101}{\underset{2}{\cancel{32}}}\times\overset{1}{\cancel{16}}$

$=\frac{101}{2}=50\frac{1}{2}$

8 처음 정사각형의 한 변의 길이를 □라 하면
처음 정사각형의 넓이는 □×□입니다.

만든 직사각형의 가로는 $□\times\left(1+\frac{1}{5}\right)$이고, 세로는 $□\times\left(1-\frac{1}{5}\right)$이므로 만든 직사각형의 넓이는

$\left(□\times\frac{6}{5}\right)\times\left(□\times\frac{4}{5}\right)=□\times□\times\frac{6}{5}\times\frac{4}{5}$

$=□\times□\times\frac{24}{25}$입니다.

(□×□ → 처음 정사각형의 넓이)

따라서 만든 직사각형의 넓이는 처음 정사각형의 넓이의 $\frac{24}{25}$입니다.

9 예 기차가 1분 동안 달리는 거리는 기차의 길이와 터널의 길이를 더하면 되므로 $360+620=980$(m)입니다.」 ❶

4분 15초$=4\frac{15}{60}$분$=4\frac{1}{4}$분입니다.」 ❷

따라서 기차가 4분 15초 동안 달리면

$980\times4\frac{1}{4}=\overset{245}{\cancel{980}}\times\frac{17}{\underset{1}{\cancel{4}}}=4165$(m)를 갈 수 있습니다.」 ❸

채점 기준
❶ 기차가 1분 동안 달리는 거리 구하기
❷ 4분 15초를 분수로 나타내기
❸ 기차가 4분 15초 동안 달리면 몇 m를 갈 수 있는지 구하기

10

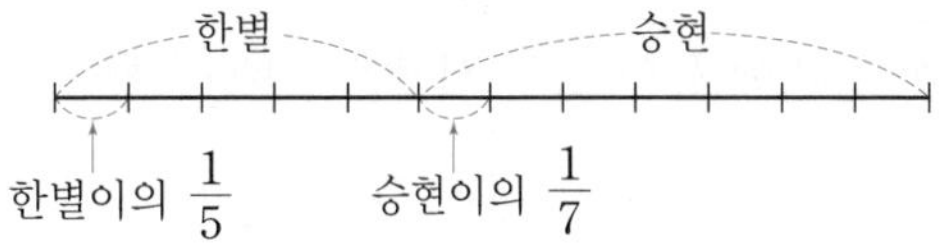

⇨ (승현이가 가지고 있는 돈)

$=18000\times\frac{7}{5+7}=\overset{1500}{\cancel{18000}}\times\frac{7}{\underset{1}{\cancel{12}}}=10500$(원)

11 왼쪽 접시저울에서 자두 8개의 무게와 사과 2개의 무게가 같으므로 사과 1개의 무게는 자두 4개의 무게와 같습니다.
오른쪽 접시저울에서 멜론 1통의 무게는
자두 $4\times3+3=15$(개)의 무게와 같으므로

$48\frac{11}{12}\times15=\frac{587}{\underset{4}{\cancel{12}}}\times\overset{5}{\cancel{15}}=\frac{2935}{4}=733\frac{3}{4}$(g)입니다.

⇨ (멜론 $\frac{2}{5}$통의 무게)

$=733\frac{3}{4}\times\frac{2}{5}=\frac{\overset{587}{\cancel{2935}}}{\underset{2}{\cancel{4}}}\times\frac{\overset{1}{\cancel{2}}}{\underset{1}{\cancel{5}}}$

$=\frac{587}{2}=293\frac{1}{2}$(g)

12 시에르핀스키 삼각형의 규칙을 찾아보면 넓이가 바로 앞의 도형의 $\frac{3}{4}$이 되는 규칙이 있습니다.

• (두 번째 도형의 넓이)$=1\times\frac{3}{4}=\frac{3}{4}$

• (세 번째 도형의 넓이)$=1\times\frac{3}{4}\times\frac{3}{4}=\frac{9}{16}$

⇨ (네 번째 도형의 넓이)$=1\times\frac{3}{4}\times\frac{3}{4}\times\frac{3}{4}=\frac{27}{64}$

최상위권 문제   42~43쪽

1 $154\frac{20}{27}$	**2** 105개	**3** $\frac{1}{301}$
4 $6\frac{6}{11}$	**5** $\frac{16}{25}$ cm²	**6** $\frac{11}{18}$

1 $12\frac{8}{9} ※ 12 = 12\frac{8}{9} \times 12 + \left(12\frac{8}{9} - 12\right) \times \frac{1}{12}$

$$= \frac{116}{9} \times 12 + \frac{8}{9} \times \frac{1}{12}$$

$$= \frac{464}{3} + \frac{2}{27} = 154\frac{2}{3} + \frac{2}{27}$$

$$= 154\frac{18}{27} + \frac{2}{27} = 154\frac{20}{27}$$

2 사탕 한 봉지에 들어 있는 사탕을 ☐개라 하면

$☐ = \left(☐ \times \frac{4}{7} + 5\right) + \left(☐ \times \frac{2}{5} - 2\right)$,

$☐ = \left(☐ \times \frac{20}{35} + 5\right) + \left(☐ \times \frac{14}{35} - 2\right)$,

$☐ = ☐ \times \frac{34}{35} + 3$, $☐ \times \frac{1}{35} = 3$,

$☐ = 3 \times 35 = 105$입니다.

3 비법 PLUS   분수를 늘어놓은 규칙을 찾아 100번째 분수를 구한 다음 약분이 되는 규칙을 찾아봅니다.

분자는 1부터 시작하여 3씩 커지는 규칙이고, 분모는 4부터 시작하여 3씩 커지는 규칙입니다.
따라서 100번째 분수의 분자는 $1 + 3 \times 99 = 298$이고, 분모는 $4 + 3 \times 99 = 301$이므로 100번째 분수는 $\frac{298}{301}$입니다.

⇨ $\frac{1}{4} \times \frac{4}{7} \times \frac{7}{10} \times \frac{10}{13} \times \frac{13}{16} \times$

$$\cdots\cdots \times \frac{298}{301} = \frac{1}{301}$$

4 $\frac{11}{12}$, $4\frac{1}{8} = \frac{33}{8}$, $2\frac{4}{9} = \frac{22}{9}$이므로 구하는 분수의
분자는 12, 8, 9의 최소공배수이고, 분모는 11, 33, 22의 최대공약수입니다.

$\begin{array}{r} 2)\underline{12 \quad 8} \\ 2)\underline{6 \quad 4} \\ 3 \quad 2 \end{array}$ → 최소공배수: $2 \times 2 \times 3 \times 2 = 24$

$\begin{array}{r} 3)\underline{24 \quad 9} \\ 8 \quad 3 \end{array}$ → 최소공배수: $3 \times 8 \times 3 = 72$

⇨ 12, 8, 9의 최소공배수: 72

$\begin{array}{r} 11)\underline{11 \quad 33} \\ 1 \quad 3 \end{array}$ → 최대공약수: 11

$\begin{array}{r} 11)\underline{11 \quad 22} \\ 1 \quad 2 \end{array}$ → 최대공약수: 11

⇨ 11, 33, 22의 최대공약수: 11
따라서 기약분수 중에서 가장 작은 분수는 분자가 72이고, 분모가 11이므로 $\frac{72}{11} = 6\frac{6}{11}$입니다.

5 비법 PLUS   정사각형의 각 변의 한가운데 점을 이어 만든 정사각형의 넓이는 처음 정사각형의 넓이의 $\frac{1}{2}$입니다.

(가장 큰 정사각형의 넓이)
$$= 1\frac{3}{5} \times 1\frac{3}{5} = \frac{8}{5} \times \frac{8}{5} = \frac{64}{25} = 2\frac{14}{25}(cm^2)$$

 (㉠의 넓이) $= 2\frac{14}{25} \times \frac{1}{8}$

$$= \frac{64}{25} \times \frac{1}{8} = \frac{8}{25}(cm^2)$$

 (㉡의 넓이) $= 2\frac{14}{25} \times \frac{1}{2} \times \frac{1}{2} \times \frac{1}{2}$

$$= \frac{64}{25} \times \frac{1}{8} = \frac{8}{25}(cm^2)$$

⇨ (색칠한 부분의 넓이) = (㉠의 넓이) + (㉡의 넓이)
$$= \frac{8}{25} + \frac{8}{25} = \frac{16}{25}(cm^2)$$

6 비법 PLUS   어떤 일을 하는 데 ▓시간이 걸리면 1시간 동안 하는 일의 양은 전체 일의 양의 $\frac{1}{▓}$입니다.

두 사람이 함께 1시간 동안 하는 일의 양은 전체 일의 양의 $\frac{1}{9} + \frac{1}{6} = \frac{2}{18} + \frac{3}{18} = \frac{5}{18}$입니다. 따라서 두 사람이 함께 1시간 24분 $= 1\frac{24}{60}$시간 $= 1\frac{2}{5}$시간 동안 한 일의 양이 전체 일의 양의

$\frac{5}{18} \times 1\frac{2}{5} = \frac{5}{18} \times \frac{7}{5} = \frac{7}{18}$이므로 남은 일의 양

은 전체 일의 양의 $1 - \frac{7}{18} = \frac{11}{18}$입니다.

❸ 합동과 대칭

핵심 개념과 문제　　　　　　　　47쪽

1 2쌍　　　　　　**2** 4개

3

4 (위에서부터) 4, 150

5

6 15 cm

2
⇨ 대칭축: 4개

3 대응점끼리 이은 선분이 만나는 점을 찾아 표시합니다.

4 선대칭도형에서 각각의 대응변의 길이와 대응각의 크기가 서로 같습니다.

5 대응점을 찾아 모두 표시한 후 대응점을 차례대로 이어 점대칭도형을 완성합니다.

6 대응변의 길이가 서로 같으므로
(변 ㄹㅂ)=(변 ㄱㄴ)=3 cm,
(변 ㅁㅂ)=(변 ㄷㄴ)=5 cm입니다.
⇨ (삼각형 ㄹㅁㅂ의 둘레)=7+5+3=15(cm)

상위권 문제　　　　　　　48~53쪽

유형 ❶ (1) 12 cm　(2) 5 cm　(3) 7 cm

유제 1 2 cm　　　　　　**유제 2** 42 cm

유형 ❷ (1) 110°　(2) 110°　(3) 70°

유제 3 130°　　　　　　**유제 4** 풀이 참조, 25°

유형 ❸ (1) 1쌍　(2) 2쌍　(3) 3쌍

유제 5 4쌍　　　　　　**유제 6** 7쌍

유형 ❹ (1) 4 cm　(2) 40 cm

유제 7 48 cm　　　　　**유제 8** 44 cm

유형 ❺ (1) 65°　(2) 45°　(3) 90°

유제 9 40°　　　　　**유제 10** 풀이 참조, 80°

유형 ❻ (1) (위에서부터) 4, 30
　　　　(2) 정삼각형, 4 cm　(3) 4 cm²

유제 11 9 cm²

유형 ❶ (1) 변 ㄴㄷ의 대응변은 변 ㄷㄹ이므로
　　(변 ㄴㄷ)=12 cm입니다.
(2) 변 ㅁㄷ의 대응변은 변 ㄱㄴ이므로
　　(변 ㅁㄷ)=5 cm입니다.
(3) (선분 ㄴㅁ)=(변 ㄴㄷ)−(변 ㅁㄷ)
　　　　　　　=12−5=7(cm)

유제 1 서로 합동인 두 삼각형에서 대응변의 길이가 서로 같으므로
(변 ㄷㄴ)=(변 ㅁㄹ)=6 cm,
(변 ㅁㄴ)=(변 ㄷㄱ)=4 cm입니다.
⇨ (선분 ㄷㅁ)=(변 ㄷㄴ)−(변 ㅁㄴ)
　　　　　　=6−4=2(cm)

유제 2 서로 합동인 두 사각형에서 대응변의 길이가 서로 같으므로
(변 ㄱㄴ)=(변 ㅂㅅ)=4 cm,
(변 ㄱㄹ)=(변 ㅂㅁ)=7 cm,
(변 ㄷㅁ)=(변 ㄷㄹ)=6 cm,
(변 ㅅㄷ)=(변 ㄴㄷ)=10 cm이고,
(변 ㅅㄹ)=(변 ㅅㄷ)−(변 ㄷㄹ)
　　　　＝10−6=4(cm)입니다.
⇨ (도형의 둘레)
　＝7+4+10+6+7+4+4=42(cm)

유형 ❷ (1) (각 ㄹㄷㅂ)=180°−70°=110°
(2) 각 ㄱㄴㅂ의 대응각은 각 ㄹㄷㅂ이므로
　　(각 ㄱㄴㅂ)=110°입니다.
(3) 사각형 ㄱㄴㅂㅁ에서
　　(각 ㅁㄱㄴ)=360°−110°−90°−90°=70°
　　입니다.

유제 3 (각 ㄴㅁㅂ)=180°−130°=50°이고,
각 ㄴㅁㄹ의 대응각은 각 ㄴㅁㅂ이므로
(각 ㄴㅁㄹ)=50°입니다.
따라서 사각형 ㄴㄷㄹㅁ에서
(각 ㄷㄹㅁ)=360°−60°−120°−50°=130°
입니다.

유제 4 예 선대칭도형에서 대응각의 크기가 서로 같으므로 (각 ㄴㄷㅂ)=120°÷2=60°이고, (각 ㄴㄷㄱ)=180°−60°=120°입니다. **①**
따라서 삼각형 ㄱㄴㄷ에서
(각 ㄱㄴㄷ)=180°−35°−120°=25°입니다. **②**

채점 기준
① 각 ㄴㄷㄱ의 크기 구하기
② 각 ㄱㄴㄷ의 크기 구하기

유형 ③ (1) 삼각형 ㄹㄴㅂ과 삼각형 ㅁㄷㅂ은 서로 합동입니다. ⇨ 1쌍
(2) 삼각형 ㄱㄴㅁ과 삼각형 ㄱㄷㄹ, 삼각형 ㄹㄴㄷ과 삼각형 ㅁㄷㄴ은 각각 서로 합동입니다. ⇨ 2쌍
(3) 서로 합동인 삼각형은 모두 1+2=3(쌍)입니다.

유제 5 • 작은 도형 1개로 이루어진 서로 합동인 삼각형:
삼각형 ㄱㄴㅁ과 삼각형 ㄷㄹㅁ,
삼각형 ㅁㄴㄷ과 삼각형 ㅁㄹㄱ ⇨ 2쌍
• 작은 도형 2개로 이루어진 서로 합동인 삼각형:
삼각형 ㄱㄴㄹ과 삼각형 ㄷㄹㄴ,
삼각형 ㄱㄴㄷ과 삼각형 ㄷㄹㄱ ⇨ 2쌍
서로 합동인 삼각형은 모두 2+2=4(쌍)입니다.

유제 6

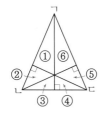

• 작은 도형 1개로 이루어진 서로 합동인 삼각형:
(①, ⑥), (②, ⑤), (③, ④) ⇨ 3쌍
• 작은 도형 2개로 이루어진 서로 합동인 삼각형:
(①+②, ⑥+⑤) ⇨ 1쌍
• 작은 도형 3개로 이루어진 서로 합동인 삼각형:
(①+②+③, ⑥+⑤+④),
(⑥+①+②, ①+⑥+⑤),
(②+③+④, ⑤+④+③) ⇨ 3쌍
서로 합동인 삼각형은 모두 3+1+3=7(쌍)입니다.

유형 ④ (1) 점대칭도형에서 대칭의 중심은 대응점끼리 이은 선분을 둘로 똑같이 나누므로
(선분 ㅂㅇ)=(선분 ㄷㅇ)=2 cm입니다.
⇨ (선분 ㄷㅂ)=2+2=4(cm)

(2) (변 ㄱㄴ)=(변 ㄹㅁ)=10 cm
(변 ㄴㄷ)=(변 ㅁㅂ)=6 cm
(변 ㄱㅂ)=(변 ㄹㄷ)
　　　　=(선분 ㄹㅂ)−(선분 ㄷㅂ)
　　　　=8−4=4(cm)
⇨ (점대칭도형의 둘레)
　　=10+6+4+10+6+4=40(cm)

유제 7 (선분 ㄷㅅ)=3+3=6(cm)
(변 ㅈㅅ)=(변 ㄹㄷ)=(변 ㅁㅂ)=(변 ㄱㄴ)
　　　　=5 cm
(변 ㄱㅈ)=(선분 ㄴㅅ)=(선분 ㅂㄷ)=(변 ㅁㄹ)
　　　　=10 cm
(변 ㄴㄷ)=(변 ㅂㅅ)=(선분 ㄷㅂ)−(선분 ㄷㅅ)
　　　　=10−6=4(cm)
⇨ (점대칭도형의 둘레)
　　=5+4+5+10+5+4+5+10
　　=48(cm)

유제 8 완성한 점대칭도형은 다음과 같습니다.

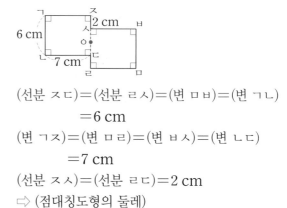

(선분 ㅈㄷ)=(선분 ㄹㅅ)=(변 ㅁㅂ)=(변 ㄱㄴ)
　　　　=6 cm
(변 ㄱㅈ)=(변 ㅁㄹ)=(변 ㅂㅅ)=(변 ㄴㄷ)
　　　　=7 cm
(선분 ㅈㅅ)=(선분 ㄹㄷ)=2 cm
⇨ (점대칭도형의 둘레)
　　=6+7+2+7+6+7+2+7=44(cm)

유형 ⑤ (1) 삼각형 ㄱㅁㅂ과 삼각형 ㄹㅁㅂ은 서로 합동이므로 (각 ㄱㅂㅁ)=(각 ㄹㅂㅁ)입니다.
⇨ (각 ㄱㅂㅁ)=(180°−50°)÷2=65°
(2) (각 ㄱㅁㅂ)=180°−70°−65°=45°
(3) (각 ㄹㅁㅂ)=(각 ㄱㅁㅂ)=45°입니다.
⇨ (각 ㄴㅁㄹ)=180°−45°−45°=90°

유제 9 삼각형 ㄱㄷㄹ과 삼각형 ㄱㄷㅁ은 서로 합동이므로 (각 ㄹㄱㄷ)=(각 ㅁㄱㄷ)=20°이고, (각 ㄴㄱㅂ)=90°−20°−20°=50°입니다.
따라서 삼각형 ㄱㄴㅂ에서
(각 ㄱㅂㄴ)=180°−50°−90°=40°입니다.

유제 10 예 사각형 ㅁㅅㅇㅈ에서
(각 ㅁㅈㅇ)=360°−50°−90°−90°=130°
입니다.」❶
사각형 ㅁㄹㄷㅈ과 사각형 ㅁㅅㅇㅈ은 서로 합
동이므로 (각 ㅁㅈㄷ)=(각 ㅁㅈㅇ)=130°이고,
(각 ㅁㅈㅂ)=180°−130°=50°입니다.」❷
따라서 (각 ㅂㅈㅇ)=130°−50°=80°입니다.」❸

채점 기준
❶ 각 ㅁㅈㅇ의 크기 구하기
❷ 각 ㅁㅈㅂ의 크기 구하기
❸ 각 ㅂㅈㅇ의 크기 구하기

유형 6 (2)

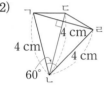

변 ㄱㄴ과 변 ㄹㄴ의 길이가 서로 같고
각 ㄱㄴㄹ은 60°이므로 삼각형 ㄱㄴㄹ은
정삼각형입니다.
⇨ (변 ㄱㄹ)=4 cm
(3) 사각형 ㄱㄴㄹㄷ은 선분 ㄷㄴ을 대칭축으로
하는 선대칭도형이고 대칭축은 대응점끼리
이은 선분을 둘로 똑같이 나누고 수직으로 만
납니다. 삼각형 ㄱㄴㄷ에서 변 ㄷㄴ을 밑변
으로 하면 높이는 변 ㄱㄹ의 $\frac{1}{2}$이므로 2 cm
입니다.
⇨ (삼각형 ㄱㄴㄷ의 넓이)
=4×2÷2=4(cm²)

유제 11 ㉮를 삼각형 ㄱㄴㄷ이라 할
때 선분 ㄱㄷ을 대칭축으로
하는 선대칭도형을 그려 보
면 오른쪽과 같습니다.
변 ㄱㄴ과 변 ㄱㄹ의 길이가
서로 같고 각 ㄴㄱㄹ은 60°이므로 삼각형 ㄱㄴㄹ
은 정삼각형이고 (변 ㄴㄹ)=6 cm입니다. 삼각
형 ㄱㄴㄷ에서 변 ㄱㄷ을 밑변으로 하면 높이는
변 ㄴㄹ의 $\frac{1}{2}$이므로 3 cm입니다.
⇨ (삼각형 ㄱㄴㄷ의 넓이)=6×3÷2=9(cm²)

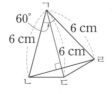

상위권 문제 확인과 응용	54~57쪽

1	16 cm	2	30 cm
3	69°	4	65°
5	풀이 참조, 36 cm²	6	24 cm²
7	4쌍	8	50°
9	풀이 참조, 5 cm	10	108 cm²
11	65°	12	5번

1 선대칭도형에서 대응변의 길이가 서로 같으므로
(변 ㄱㄴ)=(변 ㄷㄴ)이고,
(선분 ㄱㄹ)=(선분 ㄷㄹ)=6 cm입니다.
따라서 (변 ㄱㄴ)+(변 ㄷㄴ)=44−6−6=32(cm)
이므로 (변 ㄱㄴ)=32÷2=16(cm)입니다.

2 작은 정삼각형의 한 변의 길이를 □cm라 하면 색
칠한 부분의 둘레는 작은 정삼각형의 한 변의 길이
의 4배이므로 □×4=20, □=5입니다.
따라서 큰 정삼각형의 둘레는 작은 정삼각형의 한
변의 길이의 6배이므로 5×6=30(cm)입니다.

3 (선분 ㅇㄹ)=(선분 ㅇㄷ)이므로
삼각형 ㅇㄷㄹ은 이등변삼각형입니다.
(각 ㄷㅇㄹ)=(각 ㄱㅇㄴ)=42°
⇨ (각 ㅇㄷㄹ)=(180°−42°)÷2
=138°÷2=69°

4 삼각형 ㄱㄴㄷ과 삼각형 ㄹㄷㄴ이 서로 합동이므로
(각 ㄹㄷㄴ)=(각 ㄱㄴㄷ)=70°이고,
(각 ㄱㄷㄴ)=70°−25°=45°입니다.
삼각형 ㄱㄴㄷ에서
(각 ㄷㄱㄴ)=180°−70°−45°=65°입니다.
따라서 대응각의 크기가 서로 같으므로
(각 ㄴㄹㄷ)=(각 ㄷㄱㄴ)=65°입니다.

5 예 (각 ㄱㄴㄷ)=180°−90°−45°=45°이므로
삼각형 ㄱㄴㄷ은 이등변삼각형이고
(선분 ㄱㄷ)=(선분 ㄱㄴ)=6 cm입니다.」❶
따라서 삼각형 ㄱㄴㄷ의 넓이는
6×6÷2=18(cm²)이므로 완성한 선대칭도형의
넓이는 18×2=36(cm²)입니다.」❷

채점 기준
❶ 선분 ㄱㄷ의 길이 구하기
❷ 완성한 선대칭도형의 넓이 구하기

6 완성한 점대칭도형은 오른쪽과 같고 대칭의 중심은 대응점끼리 이은 선분을 둘로 똑같이 나눕니다.

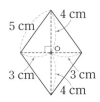

⇨ (완성한 점대칭도형의 넓이)
$= (3+3) \times 4 \div 2 \times 2$
$= 24 (cm^2)$

7

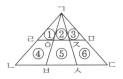

• 작은 도형 1개로 이루어진 서로 합동인 삼각형:
 (①, ③) ⇨ 1쌍
• 작은 도형 2개로 이루어진 서로 합동인 삼각형:
 (①+②, ③+②), (①+④, ③+⑥) ⇨ 2쌍
• 작은 도형 4개로 이루어진 서로 합동인 삼각형:
 (①+②+④+⑤, ③+②+⑥+⑤) ⇨ 1쌍
서로 합동인 삼각형은 모두 $1+2+1=4$(쌍)입니다.

8 삼각형 ㅁㄴㄹ은 선대칭도형이므로
(각 ㅁㄹㄷ)=(각 ㅁㄴㄷ)=40°입니다.
삼각형 ㅁㄴㄹ에서
(각 ㄴㅁㄹ)=180°−40°−40°=100°이므로
(각 ㄷㅁㄴ)=100°÷2=50°입니다.
따라서 사각형 ㄱㄴㄷㅁ은 선대칭도형이므로
(각 ㄱㅁㄴ)=(각 ㄷㅁㄴ)=50°입니다.

9 예 점대칭도형에서 대응변의 길이가 서로 같으므로
(변 ㄴㄷ)=(변 ㅂㅅ)=3 cm,
(변 ㄹㅁ)=(변 ㅈㄱ)=4 cm입니다.」❶
대칭의 중심은 대응점끼리 이은 선분을 둘로 똑같이 나누므로 (선분 ㄷㅅ)=1+1=2(cm)이고
(변 ㄷㄹ)=6−2=4(cm),
(변 ㅅㅈ)=(변 ㄷㄹ)=4 cm입니다.」❷
변 ㄱㄴ의 길이를 □ cm라 하면
(변 ㅁㅂ)=(변 ㄱㄴ)=□ cm이므로
$4+□+3+4+4+□+3+4=32$,
$□+□+22=32$, $□ \times 2=10$, $□=5$입니다.
따라서 변 ㄱㄴ은 5 cm입니다.」❸

채점 기준
❶ 변 ㄴㄷ, 변 ㄹㅁ의 길이 구하기
❷ 변 ㄷㄹ, 변 ㅅㅈ의 길이 구하기
❸ 변 ㄱㄴ의 길이 구하기

10 삼각형 ㄱㄴㄹ과 삼각형 ㄷㄹㄴ이 서로 합동이고
삼각형 ㄱㄴㄹ과 삼각형 ㅁㄹㄴ이 서로 합동이므로
삼각형 ㄷㄹㄴ과 삼각형 ㅁㄹㄴ이 서로 합동이고
삼각형 ㄴㄷㅂ과 삼각형 ㄹㄷㅂ이 서로 합동입니다.
(변 ㄹㄷ)=(변 ㄴㅁ)=6 cm,
(변 ㄷㅂ)=(변 ㅁㅂ)=8 cm,
(변 ㄴㄷ)=10+8=18(cm)
⇨ (처음 종이의 넓이)=(직사각형 ㄱㄴㄷㄹ의 넓이)
$= 18 \times 6 = 108 (cm^2)$

11 삼각형 ㄱㄴㄷ에서
(각 ㄴㄱㄷ)=180°−50°−50°=80°이므로
(각 ㄹㄱㅇ)=80°−15°=65°입니다.
별과 별 사이의 간격은 변하지 않으므로
삼각형 ㄱㄴㄷ과 삼각형 ㄱㄹㅁ은 서로 합동입니다.
따라서 (각 ㄱㄹㅁ)=(각 ㄱㄴㄷ)=50°이므로 삼각형
ㄱㄹㅇ에서 (각 ㄱㅇㄹ)=180°−50°−65°=65°
입니다.

12 0부터 9까지의 수를 한 점을 중심으로 180° 돌렸을 때 각각 숫자 0은 0, 숫자 2는 2, 숫자 5는 5, 숫자 6은 9, 숫자 8은 8, 숫자 9는 6으로 보입니다. 0, 2, 5, 6, 8, 9를 사용하여 한 점을 중심으로 180° 돌려도 실제 시각과 같은 시각은 하루 동안 00:00, 02:20, 05:50, 20:02, 22:22 으로 모두 5번 있습니다.

최상위권 문제	58~59쪽
1 92°	**2** 30°
3 95 cm²	**4** 60 cm
5 75 cm²	**6** 36°

1 삼각형 ㄱㄴㄷ과 삼각형 ㅂㄱㄴ은 이등변삼각형이므로 (각 ㅂㄱㅁ)=(각 ㅂㄴㅁ)=□°라 하면
(각 ㄱㄴㄹ)=(각 ㄱㄷㄹ)=□°+21°이고,
삼각형 ㄱㄴㄷ에서
$□°+(□°+21°)+(□°+21°)=180°$,
$□°+□°+□°+42°=180°$,
$□° \times 3=138°$, $□°=46°$입니다.
따라서 (각 ㄱㄷㄹ)=(각 ㄱㄴㄹ)=46°+21°=67°
이므로 삼각형 ㄴㄷㅂ에서
(각 ㄴㅂㄷ)=180°−21°−67°=92°입니다.

2

오른쪽과 같이 정사각형 모양의 종이를 접었을 때 삼각형 ①, ②, ③, ④는 서로 합동이므로 삼각형 ㄱㅅㄹ은 정삼각형입니다.

(변 ㄱㅅ)＝(변 ㄹㅅ)＝(변 ㄱㄹ)이므로
삼각형 ㄱㅅㄹ은 정삼각형입니다.
(각 ㅅㄱㄹ)＝60°이므로
(각 ㄴㄱㅁ)＝(90°−60°)÷2＝30°÷2＝15°입니다.
따라서 (각 ㄱㅁㄴ)＝180°−15°−90°＝75°이고,
(각 ㄱㅁㅅ)＝(각 ㄱㅁㄴ)＝75°이므로
(각 ㅅㅁㅂ)＝180°−75°−75°＝30°입니다.

3

평행사변형 ㄱㄴㅁㄹ의 밑변의 길이와 높이는 각각 직사각형 ㄱㄷㅂㄹ의 가로와 세로의 길이와 같으므로 넓이도 같습니다.

삼각형 ㄹㅁㅂ에서
(각 ㄹㅁㅂ)＝180°−45°−90°＝45°이고,
삼각형 ㅅㅁㄷ에서
(각 ㅁㅅㄷ)＝180°−45°−90°＝45°이므로
삼각형 ㅅㅁㄷ은 이등변삼각형입니다.
(선분 ㅁㄷ)＝(선분 ㅅㄷ)＝14 cm이고,
(변 ㄴㄷ)＝5＋14＝19(cm)이므로
(변 ㄱㄷ)＝(변 ㄴㄷ)＝19 cm입니다.
따라서 직사각형 ㄱㄷㅂㄹ의 넓이는
평행사변형 ㄱㄴㅁㄹ의 넓이와 같으므로
5×19＝95(cm²)입니다.

4 선대칭도형을 완성하면 다음과 같습니다.

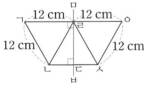

사각형 ㄱㄴㄷㄹ에서
(각 ㄱㄴㄷ)＝(각 ㄹㄱㄴ)×2이므로
(각 ㄱㄴㄷ)＋(각 ㄹㄱㄴ)＋90°＋90°＝360°,
(각 ㄹㄱㄴ)×2＋(각 ㄹㄱㄴ)＝180°,
(각 ㄹㄱㄴ)×3＝180°, (각 ㄹㄱㄴ)＝60°이고,
(각 ㄱㄴㄷ)＝120°입니다.
선분 ㄴㄹ을 그으면 삼각형 ㄱㄴㄹ은 이등변삼각형
이므로
(각 ㄱㄴㄹ)＝(각 ㄱㄹㄴ)＝(180°−60°)÷2＝60°
이고, 삼각형 ㄱㄴㄹ은 정삼각형입니다.

(각 ㄹㄴㄷ)＝(각 ㄹㅅㄷ)＝120°−60°＝60°,
(각 ㄴㄹㅅ)＝180°−60°−60°＝60°이므로 삼각형
ㄴㄹㅅ은 한 변의 길이가 12 cm인 정삼각형입니다.
⇨ (완성한 선대칭도형의 둘레)＝12×5＝60(cm)

5

대칭의 중심은 대응점끼리 이은 선분을 둘로 똑같이 나누므로 다음과 같습니다.

대칭의 중심은 대응점끼리 이은 선분을 둘로 똑같이
나누므로
(변 ㄹㅂ)＝(변 ㄴㅁ)＝(선분 ㅁㅇ)＝(선분 ㅂㅇ)입
니다.
선분 ㄴㅂ의 길이는 선분 ㄴㄹ을 똑같이 4로 나눈 것
중의 3이므로 선분 ㄴㄹ의 길이의 $\frac{3}{4}$이고,
삼각형 ㄷㅂㄴ의 밑변을 선분 ㄴㅂ이라 하고 삼각형
ㄷㄹㄴ의 밑변을 선분 ㄴㄹ이라 할 때 두 삼각형의
높이가 같으므로 삼각형 ㄷㅂㄴ의 넓이는 삼각형
ㄷㄹㄴ의 넓이의 $\frac{3}{4}$입니다.
⇨ (색칠한 부분의 넓이)
　＝(20×10÷2)×$\frac{3}{4}$＝75(cm²)

6

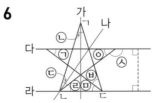

그림과 같이 평행선 다, 라를 각각 그으면
ㄹ＋ㅅ＋90°＋90°＝360°, ㄹ＋ㅅ＝180°이고
ㅇ＋ㅅ＝180°이므로 ㅇ＝ㄹ입니다.
선대칭도형에서 대응각의 크기가 서로 같으므로 직
선 가를 대칭축으로 하여 도형을 접으면 ㄱ＝ㅇ,
ㄷ＝ㅂ, ㄹ＝ㅁ이고 직선 나를 대칭축으로 하여
도형을 접으면 ㄱ＝ㅂ, ㄴ＝ㅇ입니다.
따라서 ㄴ＝ㄱ＝ㄷ＝ㅂ＝ㅇ＝ㄹ＝ㅁ이고
삼각형 ㄱㄴㄷ에서 ㄴ＋ㄷ＋ㄹ＋ㅁ＋ㅂ＝180°,
ㄴ×5＝180°, ㄴ＝36°이므로 ㄱ＝36°입니다.

④ 소수의 곱셈

핵심 개념과 문제   63쪽

1

2 예 30×1.53은 30과 1.5의 곱으로 어림할 수 있으므로 결과는 45 정도가 됩니다.

3 2.66 L   **4** ㉠, ㉢

5 42.5 kg   **6** 민서, 27.2 g

3 2주는 14일입니다.
⇨ (2주 동안 마신 우유의 양)
=0.19×14=2.66(L)

4 ㉠ 4×0.89=3.56   ㉡ 5×0.56=2.8
㉢ 7×0.43=3.01   ㉣ 8×0.31=2.48
따라서 계산 결과가 3보다 큰 것은 ㉠, ㉢입니다.

5 (윤아의 몸무게)=40×0.85=34(kg)
⇨ (서준이의 몸무게)=34×1.25=42.5(kg)

6 • (지우가 산 선물의 무게)=20.35×8=162.8(g)
• (민서가 산 선물의 무게)=9.5×20=190(g)
따라서 민서가 산 선물이 190−162.8=27.2(g) 더 무겁습니다.

핵심 개념과 문제   65쪽

1 0.0564   **2** 5 0.2 4

3 ㉠   **4** 0.11 kg

5 희주   **6** 75.69 m²

2 3.2×15.7을 3의 15배 정도로 어림하면 45보다 조금 더 큰 값입니다. 따라서 계산 결과는 45와 가까운 50.24가 되어야 합니다.

3 • ㉠에서 곱의 소수점이 왼쪽으로 2칸 옮겨진 것이므로 □=0.01입니다.
• ㉡, ㉢, ㉣에서 곱의 소수점이 왼쪽으로 3칸 옮겨진 것이므로 □=0.001입니다.

5 1 m=100 cm이므로 진성이가 가지고 있는 리본의 길이를 cm 단위로 나타내면
0.349 m=34.9 cm입니다.
⇨ <u>37.6 cm</u> > <u>34.9 cm</u>
　　희주　　　진성

6 (새로운 정사각형의 한 변의 길이)
=7.25×1.2=8.7(m)
⇨ (새로운 정사각형의 넓이)
=8.7×8.7=75.69(m²)

상위권 문제   66~73쪽

유형 ❶ (1) 4.5 (2) 16.74

유제 1 19.36   **유제 2** 35.904

유형 ❷ (1) 54 cm² / 12.8 cm² (2) 41.2 cm²

유제 3 91.14 cm²   **유제 4** 395.72 cm²

유형 ❸ (1) 8.4 / 12.3 (2) 9, 10, 11, 12

유제 5 110   **유제 6** 풀이 참조, 15개

유형 ❹ (1) 2.5 (2) 212.5 km (3) 19.125 L

유제 7 14.84 L   **유제 8** 36.48 L

유형 ❺ (1) 6.21 / 12.6 (2) 78.246

유제 9 184.23

유제 10 풀이 참조, 4.9875

유형 ❻ (1) 5 m (2) 2.5 m (3) 1.25 m

유제 11 0.729 m   **유제 12** 38.4 m

유형 ❼ (1) 소수 40자리 수
(2) 예 2, 4, 8, 6이 반복되는 규칙입니다.
(3) 6

유제 13 6

유형 ❽ (1) 예   (2) 85 cm

유제 14 49.6 cm   **유제 15** 68 cm

유형 ❶ (1) 어떤 수를 □라 하면 잘못 계산한 식은
□−3.72=0.78입니다.
⇨ □=0.78+3.72=4.5
(2) 어떤 수는 4.5이므로 바르게 계산하면
4.5×3.72=16.74입니다.

유제 1 어떤 수를 □라 하면 잘못 계산한 식은
7.04+□=9.79입니다.
⇨ □=9.79−7.04=2.75
따라서 어떤 수는 2.75이므로 바르게 계산하면
7.04×2.75=19.36입니다.

유제 2 어떤 수를 □라 하면 잘못 계산한 식은
□−1.83+6.4=8.35입니다.
⇨ □=8.35−6.4+1.83=3.78

따라서 어떤 수는 3.78이므로 바르게 계산하면
$(3.78+1.83)\times6.4=5.61\times6.4=35.904$입니다.

유형 ② (1) • (큰 직사각형의 넓이)
$=7.5\times7.2=54(\text{cm}^2)$
• (작은 직사각형의 넓이)
$=4\times3.2=12.8(\text{cm}^2)$
(2) $54-12.8=41.2(\text{cm}^2)$

유제 3 • (큰 직사각형의 넓이)
$=15.08\times10.5=158.34(\text{cm}^2)$
• (작은 직사각형의 넓이)
$=12\times5.6=67.2(\text{cm}^2)$
⇨ (도형의 넓이)$=158.34-67.2$
$=91.14(\text{cm}^2)$

유제 4

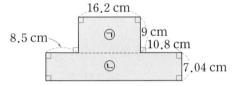

• (직사각형 ㉠의 넓이)
$=16.2\times9=145.8(\text{cm}^2)$
• (직사각형 ㉡의 넓이)
$=(8.5+16.2+10.8)\times7.04$
$=35.5\times7.04=249.92(\text{cm}^2)$
⇨ (도형의 넓이)
$=145.8+249.92=395.72(\text{cm}^2)$

유형 ③ (1) $0.7\times12=8.4$, $2.05\times6=12.3$
(2) $8.4<\square<12.3$에서 □ 안에 들어갈 수 있는 자연수는 9, 10, 11, 12입니다.

유제 5 $320\times0.06=19.2$, $21\times1.18=24.78$
$19.2<\square<24.78$에서 □ 안에 들어갈 수 있는 자연수는 20, 21, 22, 23, 24입니다.
따라서 □ 안에 들어갈 수 있는 모든 자연수의 합은 $20+21+22+23+24=110$입니다.

유제 6 ⑨ $5.6\times3.41=19.096$, $20.5\times1.7=34.85$입니다.」❶
$19.096<\square<34.85$에서 □ 안에 들어갈 수 있는 자연수는 20, 21 …… 33, 34입니다.
따라서 □ 안에 들어갈 수 있는 자연수는 모두 15개입니다.」❷

채점 기준
❶ 5.6×3.41과 20.5×1.7 계산하기
❷ □ 안에 들어갈 수 있는 자연수의 개수 구하기

유형 ④ (1) 2시간 30분$=2\frac{30}{60}$시간$=2.5$시간
(2) (2시간 30분 동안 달린 거리)
$=85\times2.5=212.5(\text{km})$
(3) (사용한 휘발유의 양)
$=0.09\times212.5=19.125(\text{L})$

유제 7 1시간 45분$=1\frac{45}{60}$시간$=1\frac{75}{100}$시간
$=1.75$시간
(1시간 45분 동안 달린 거리)
$=106\times1.75=185.5(\text{km})$
⇨ (사용한 휘발유의 양)
$=0.08\times185.5=14.84(\text{L})$

유제 8 3시간 12분$=3\frac{12}{60}$시간$=3\frac{2}{10}$시간$=3.2$시간
(3시간 12분 동안 달린 거리)
$=95\times3.2=304(\text{km})$
⇨ (사용한 휘발유의 양)
$=0.12\times304=36.48(\text{L})$

유형 ⑤ (1) • 3장의 수 카드로 만들 수 있는 소수 두 자리 수는 □.□□이므로 가장 큰 소수 두 자리 수는 6.21입니다.
• 3장의 수 카드로 만들 수 있는 소수 한 자리 수는 □□.□이므로 가장 작은 소수 한 자리 수는 12.6입니다.
(2) $6.21\times12.6=78.246$

유제 9 • 3장의 수 카드로 만들 수 있는 소수 한 자리 수는 □□.□이므로 둘째로 큰 소수 한 자리 수는 53.4입니다.
• 3장의 수 카드로 만들 수 있는 소수 두 자리 수는 □.□□이므로 가장 작은 소수 두 자리 수는 3.45입니다.
⇨ $53.4\times3.45=184.23$

유제 10 ⑨ $0<5<7<8$이므로 만들 수 있는 가장 큰 소수 두 자리 수는 8.75, 가장 작은 소수 두 자리 수는 0.57입니다.」❶
따라서 가장 큰 소수 두 자리 수와 가장 작은 소수 두 자리 수의 곱은 $8.75\times0.57=4.9875$입니다.」❷

채점 기준
❶ 만들 수 있는 가장 큰 수와 가장 작은 수 각각 구하기
❷ 만들 수 있는 가장 큰 수와 가장 작은 수의 곱 구하기

정답과 풀이 Top Book

유형 6 (1) (첫째로 튀어 오른 높이)=10×0.5=5(m)
(2) (둘째로 튀어 오른 높이)=5×0.5=2.5(m)
(3) (셋째로 튀어 오른 높이)
  =2.5×0.5=1.25(m)

유제 11

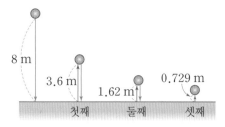

• (첫째로 튀어 오른 높이)=8×0.45=3.6(m)
• (둘째로 튀어 오른 높이)
  =3.6×0.45=1.62(m)
⇨ (셋째로 튀어 오른 높이)
  =1.62×0.45=0.729(m)

유제 12

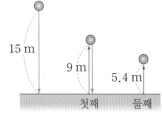

• (첫째로 튀어 오른 높이)=15×0.6=9(m)
• (둘째로 튀어 오른 높이)=9×0.6=5.4(m)
⇨ (공이 움직인 거리)
  =15+9×2+5.4=38.4(m)

유형 7 (1) 곱셈식에서 규칙을 찾아보면 0.2를 ■번 곱할 때 곱은 소수 ■자리 수가 되므로 0.2를 40번 곱하면 곱은 소수 40자리 수가 됩니다.
(2) 0.2를 계속 곱하면 소수점 아래 끝자리 숫자는 2, 4, 8, 6이 반복됩니다.
(3) 소수 40째 자리 숫자는 소수점 아래 끝자리 숫자입니다. 40÷4=10이므로 곱의 소수 40째 자리 숫자는 2, 4, 8, 6 중 넷째 숫자인 6입니다.

유제 13 0.8을 60번 곱하면 곱은 소수 60자리 수가 되므로 소수 60째 자리 숫자는 소수점 아래 끝자리 숫자입니다. 0.8을 계속 곱하면 소수점 아래 끝자리 숫자는 8, 4, 2, 6이 반복됩니다.
따라서 60÷4=15이므로 곱의 소수 60째 자리 숫자는 8, 4, 2, 6 중 넷째 숫자인 6입니다.

유형 8 (1) 붙일 수 있는 정삼각형은 최대한 붙여서 밖으로 드러나는 변의 수를 줄입니다.
(2) 한 변의 길이가 8.5 cm인 변이 10개이므로 무늬의 둘레에 사용할 노란 띠는 8.5×10=85(cm)입니다.

유제 14 한 변의 길이가 6.2 cm인 변이 8개이므로 무늬의 둘레에 사용할 파란 띠는 6.2×8=49.6(cm)입니다.

유제 15 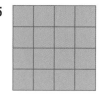 한 변의 길이가 4.25 cm인 변이 16개이므로 무늬의 둘레에 사용할 빨간 띠는 4.25×16=68(cm)입니다.

상위권 문제 확인과 응용 74~77쪽

1 0.01배 2 8장
3 풀이 참조, 0.0109 4 243250원
5 101.76 cm 6 풀이 참조, 648명
7 18 km 8 4140.8
9 175.538 cm² 10 3.024 m
11 74880 km 12 1034.4 m

1 • 0.365는 3.65에서 소수점이 왼쪽으로 한 칸 옮겨진 것이므로 ㉠=0.1입니다.
• 6025는 602.5에서 소수점이 오른쪽으로 한 칸 옮겨진 것이므로 ㉡=10입니다.
⇨ 0.1은 10에서 소수점이 왼쪽으로 2칸 옮겨진 것이므로 ㉠은 ㉡의 0.01배입니다.

2 3 kg=3000 g이므로 밀가루 3 kg의 가격은 2.4×3000=7200(원)입니다.
따라서 1000원짜리 지폐가 최소 8장 있어야 밀가루 3 kg을 살 수 있습니다.

3 예 어떤 수를 □라 하면 7182×□=7.182이고, 7.182는 7182의 소수점이 왼쪽으로 3칸 옮겨진 것이므로 □=0.001입니다.❶
따라서 10.9에 어떤 수를 곱한 값은 10.9×0.001=0.0109입니다.❷

채점 기준
❶ 어떤 수 구하기
❷ 10.9에 어떤 수를 곱한 값 구하기

4 우리나라 돈을 중국 돈 1위안으로 바꾸려면
165.4+8.35=173.75(원)이 필요합니다.
⇨ (중국 돈 1400위안으로 바꿀 때 필요한 우리나라
돈)=173.75×1400=243250(원)

5 (직사각형의 둘레)=(6.45+2.03)×2
=8.48×2=16.96(cm)
⇨ (정육각형의 둘레)=16.96×6=101.76(cm)

6 ⓓ 여학생 수는 1800×0.48=864(명)입니다.」❶
안경을 쓴 여학생 수는 864×0.25=216(명)입니다.」❷
따라서 안경을 쓰지 않은 여학생 수는
864-216=648(명)입니다.」❸

채점 기준	
❶ 여학생 수 구하기	
❷ 안경을 쓴 여학생 수 구하기	
❸ 안경을 쓰지 않은 여학생 수 구하기	

7 2시간 15분=$2\frac{15}{60}$시간=$2\frac{25}{100}$시간=2.25시간
• (현지가 2시간 15분 동안 걸은 거리)
=3.2×2.25=7.2(km)
• (재우가 2시간 15분 동안 걸은 거리)
=4.8×2.25=10.8(km)
⇨ (도로의 길이)=7.2+10.8=18(km)

8 8.2◆1.7=(8.2+1.7)×(8.2-1.7)
=9.9×6.5=64.35
⇨ (8.2◆1.7)◆0.35
=64.35◆0.35
=(64.35+0.35)×(64.35-0.35)
=64.7×64=4140.8

9 잘라 내고 남은 부분을 모으면 평행사변형 모양이 됩니다.

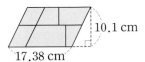

• (밑변의 길이)=25-4-3.62=17.38(cm)
• (높이)=14.12-4.02=10.1(cm)
⇨ (남은 부분의 넓이)
=17.38×10.1=175.538(cm²)

10 • (첫째로 튀어 오른 높이)=4.5×0.8=3.6(m)
• (둘째로 튀어 오른 높이)=(3.6+0.5)×0.8
=4.1×0.8=3.28(m)
⇨ (셋째로 튀어 오른 높이)
=(3.28+0.5)×0.8=3.78×0.8=3.024(m)

11 • (화성의 반지름)=6400×0.5=3200(km)
• (목성의 반지름)=6400×11.2=71680(km)
⇨ (화성의 반지름과 목성의 반지름의 합)
=3200+71680=74880(km)

12 (기온이 23 ℃일 때 소리가 1초에 이동하는 거리)
=340+0.6×(23-15)=340+4.8=344.8(m)
⇨ (번개가 친 곳에서 민준이가 있는 곳까지의 거리)
=344.8×3=1034.4(m)

최상위권 문제	78~79쪽
1 51.03	**2** 9
3 190.852 L	**4** 459.42 km
5 0.576 cm²	**6** 4분

1 비법 PLUS ㉠.㉡×㉢.㉣에서 곱이 가장 크려면 ㉠과 ㉢에 가장 큰 수와 둘째로 큰 수를 넣어야 합니다.

곱이 가장 크게 되는 곱셈식을 만들려면 자연수 부분에 가장 큰 수 8과 둘째로 큰 수 6을 넣어야 합니다.
⇨ 8.1×6.3=51.03 또는 8.3×6.1=50.63
따라서 곱이 가장 클 때의 곱은 51.03입니다.

2 비법 PLUS 소수 한 자리 수를 ★번 곱하면 곱은 소수 ★ 자리 수가 됩니다.

0.3=0.<u>3</u>
0.3×0.3=0.0<u>9</u>
0.3×0.3×0.3=0.02<u>7</u>
0.3×0.3×0.3×0.3=0.008<u>1</u>
0.3×0.3×0.3×0.3×0.3=0.0024<u>3</u>
0.3×0.3×0.3×0.3×0.3×0.3=0.00072<u>9</u>
⋮

0.3을 90번 곱하면 곱은 소수 90자리 수가 되므로 소수 90째 자리 숫자는 소수점 아래 끝자리 숫자입니다.
0.3을 계속 곱하면 소수점 아래 끝자리 숫자는 3, 9, 7, 1이 반복됩니다.
따라서 90÷4=22…2이므로 곱의 소수 90째 자리 숫자는 3, 9, 7, 1 중 둘째 숫자인 9입니다.

3 (1분 동안 두 수도꼭지를 동시에 틀어 통에 받을 수 있는 물의 양)

$= 16.4 - 1.09 = 15.31(\text{L})$

9분 12초 $= 9\frac{12}{60}$ 분 $= 9\frac{2}{10}$ 분 $= 9.2$분

➡ (9분 12초 후에 통에 담겨 있는 물의 양)

$= 50 + 15.31 \times 9.2 = 50 + 140.852$
$= 190.852(\text{L})$

4 비법 PLUS ✦ 같은 장소에서 출발하여 서로 반대 방향으로 달린 두 자동차 사이의 거리는 두 자동차가 달린 거리의 합과 같습니다.

• (ⓒ 자동차가 한 시간 동안 달린 거리)
$= 48.1 \times 2 = 96.2(\text{km})$

• (한 시간 동안 달린 두 자동차 사이의 거리)
$= 80.5 + 96.2 = 176.7(\text{km})$

2시간 36분 $= 2\frac{36}{60}$ 시간 $= 2\frac{6}{10}$ 시간 $= 2.6$시간

➡ (2시간 36분 동안 달린 두 자동차 사이의 거리)
$= 176.7 \times 2.6 = 459.42(\text{km})$

5 직사각형에서 대각선을 그었을 때 나누어진 두 삼각형의 넓이는 같습니다.

직사각형 ㄱㄴㄷㄹ에서
(삼각형 ㄱㄴㄷ의 넓이)=(삼각형 ㄷㄹㄱ의 넓이)이고,
직사각형 ㄱㅂㅈㅁ에서
(삼각형 ㄱㅂㅈ의 넓이)=(삼각형 ㅈㅁㄱ의 넓이)이고,
직사각형 ㅈㅅㄷㅇ에서
(삼각형 ㅈㅅㄷ의 넓이)=(삼각형 ㄷㅇㅈ의 넓이)입니다.

따라서 색칠한 부분의 넓이는 직사각형 ㅂㄴㅅㅈ의 넓이와 같습니다.

➡ (색칠한 부분의 넓이)
$= 0.6 \times 0.96 = 0.576(\text{cm}^2)$

6 비법 PLUS ✦ (꼬마 기차가 터널을 완전히 통과할 때까지 움직인 거리)=(터널의 길이)+(꼬마 기차의 길이)

1분 51초 $= 1\frac{51}{60}$ 분 $= 1\frac{17}{20}$ 분 $= 1\frac{85}{100}$ 분 $= 1.85$분

꼬마 기차의 길이를 □ m라 하면

$80 + □ = 58 \times 1.85$, $80 + □ = 107.3$,
$□ = 27.3$입니다.

➡ (터널을 완전히 통과하는 데 걸리는 시간)
$= (204.7 + 27.3) \div 58 = 232 \div 58 = 4$(분)

⑤ 직육면체

1 나, 바

2 면 ㄱㄴㄷㄹ, 면 ㄴㅂㅁㄱ, 면 ㅁㅂㅅㅇ,
면 ㄷㅅㅇㄹ

3 ⓓ 직육면체는 직사각형 6개로 둘러싸여 있어야 하는데 이 도형은 4개의 사다리꼴과 2개의 직사각형으로 둘러싸여 있습니다.

4 ④

5 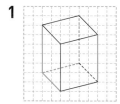 / 38 cm **6** 9 cm

2 색칠한 면과 수직인 면은 색칠한 면과 만나는 면입니다.

4 ④ 직사각형은 정사각형이라고 할 수 없으므로 직육면체는 정육면체라고 할 수 없습니다.

5 색칠한 면과 평행한 면의 가로는 7 cm이고, 세로는 12 cm이므로 모서리의 길이의 합은
$(7 + 12) \times 2 = 38(\text{cm})$입니다.

6 정육면체는 모서리가 12개이고, 그 길이가 모두 같으므로 정육면체의 한 모서리의 길이는
$108 \div 12 = 9(\text{cm})$입니다.

1

2 선분 ㅅㅂ

3 (위에서부터) 5, 3, 4

4 ⓓ

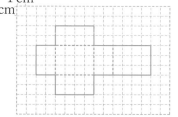

5 63 cm

6

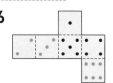

2 전개도를 접었을 때 점 ㄱ과 만나는 점은 점 ㅅ, 점
ㄴ과 만나는 점은 점 ㅂ이므로 선분 ㄱㄴ과 겹치는
선분은 선분 ㅅㅂ입니다.

5 (보이는 모서리의 길이의 합)
$$=(12+6+3)\times3=63(cm)$$

6

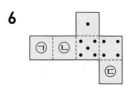

- 면 ㉠은 눈의 수가 5인 면과 평행하므로 눈의 수가
  $7-5=2$입니다.
- 면 ㉡은 눈의 수가 4인 면과 평행하므로 눈의 수가
  $7-4=3$입니다.
- 면 ㉢은 눈의 수가 1인 면과 평행하므로 눈의 수가
  $7-1=6$입니다.

상위권 문제
86~91쪽

유형 1 (1) 4 (2) 4, 72 (3) 4

유제 1 8 　　　　　　　**유제 2** 20

유형 2 (1) 2군데 / 2군데 / 4군데 (2) 114 cm

유제 3 136 cm

유제 4 풀이 참조, 240 cm

유형 3 (1) (위에서부터) 4, 5 (2) 18 cm

유제 5 30 cm 　　　　　**유제 6** 28 cm

유형 4 (1)~(2)

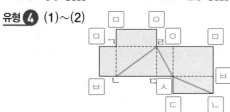

유제 7

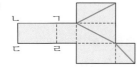

유제 8

유형 5 (1) 1개 (2) 12개

유제 9 24개 　　　　　**유제 10** 풀이 참조, 6개

유형 6 (1) 빨간색, 연두색, 노란색, 주황색, 흰색, 파란색
　　　　(2) 연두색, 노란색, 흰색, 파란색 (3) 주황색

유제 11 미국 국기 　　　　**유제 12** 45

유형 1 (2) 모든 모서리의 길이의 합을 구하는 식으로 나
타내면 $(9+5+㉠)\times4=72$입니다.
(3) $(9+5+㉠)\times4=72$,
$9+5+㉠=18$, $㉠=18-9-5=4$

유제 1 직육면체에는 길이가 ㉠ cm, 6 cm, 12 cm인
모서리가 각각 4개씩 있으므로 모든 모서리의
길이의 합을 구하는 식으로 나타내면
$(㉠+6+12)\times4=104$입니다.
⇨ $(㉠+6+12)\times4=104$,
　$㉠+6+12=26$, $㉠=26-6-12=8$

유제 2 정육면체는 모서리가 12개이고, 그 길이가 모두
같으므로 정육면체 모양을 만드는 데 사용한 철사
는 $13\times12=156(cm)$입니다.
직육면체 모양에는 길이가 8 cm, ㉠ cm,
11 cm인 모서리가 각각 4개씩 있으므로 모든
모서리의 길이의 합을 구하는 식으로 나타내면
$(8+㉠+11)\times4=156$입니다.
⇨ $(8+㉠+11)\times4=156$,
　$8+㉠+11=39$, $㉠=39-8-11=20$

유형 2 (2) $12\times2+16\times2+9\times4+\underline{2}2=114(cm)$
　　　　　　　　　　　　　└─•매듭으로 사용한
　　　　　　　　　　　　　　　리본의 길이

유제 3 리본으로 둘러 묶은 부분에서 길이가 18 cm인
부분은 2군데, 길이가 10 cm인 부분은 2군데,
길이가 12 cm인 부분은 4군데입니다.
⇨ (사용한 리본의 길이)
　$=18\times2+10\times2+12\times4+\underline{32}$
　$=136(cm)$　　　　└─•매듭으로 사용한
　　　　　　　　　　　　　리본의 길이

유제 4 ⑩ 테이프로 둘러 붙인 부분에서 길이가 15 cm,
20 cm, 25 cm인 부분은 각각 4군데입니다.」❶
따라서 사용한 테이프는 모두
$(15+20+25)\times4=240(cm)$입니다.」❷

채점 기준
❶ 테이프로 둘러 붙인 부분에서 길이가 15 cm, 20 cm, 25 cm인 부분은 각각 몇 군데인지 알아보기
❷ 사용한 테이프는 모두 몇 cm인지 구하기

유형 3 (2) 옆에서 본 모양의 가로는 5 cm이고, 세로는
4 cm이므로 모서리의 길이의 합은
$(5+4)\times2=18(cm)$입니다.

유제 5 옆에서 본 모양은 오른쪽과 같습니다.

5 cm
10 cm

⇨ (옆에서 본 모양의 모서리의 길이의 합)
＝(10＋5)×2＝30(cm)

유제 6 위에서 본 모양은 오른쪽과 같습니다.

6 cm
8 cm

⇨ (위에서 본 모양의 모서리의 길이의 합)
＝(8＋6)×2＝28(cm)

유형 ④ (2) 선이 지나가는 자리인 선분 ㄴㄹ, 선분 ㄹㅅ, 선분 ㅅㄴ을 알맞게 나타냅니다.

유제 7

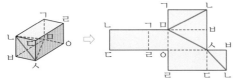

직육면체를 보고 오른쪽 전개도에 꼭짓점의 기호를 쓴 다음 선이 지나가는 자리인 선분 ㄴㅅ, 선분 ㅅㅁ, 선분 ㅁㄴ을 알맞게 나타냅니다.

유제 8

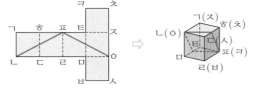

전개도를 보고 오른쪽 정육면체에 꼭짓점의 기호를 쓴 다음 선이 지나가는 자리를 알맞게 나타냅니다.

유형 ⑤ (1)

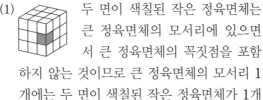

두 면이 색칠된 작은 정육면체는 큰 정육면체의 모서리에 있으면서 큰 정육면체의 꼭짓점을 포함하지 않는 것이므로 큰 정육면체의 모서리 1개에는 두 면이 색칠된 작은 정육면체가 1개씩 있습니다.

(2) 정육면체의 모서리는 12개이므로 두 면이 색칠된 작은 정육면체는 모두 1×12＝12(개)입니다.

유제 9

한 면이 색칠된 작은 정육면체는 큰 정육면체의 면에 있으면서 큰 정육면체의 모서리를 포함하지 않는 것이므로 큰 정육면체의 면 1개에는 한 면이 색칠된 작은 정육면체가 4개씩 있습니다.

따라서 정육면체의 면은 6개이므로 한 면이 색칠된 작은 정육면체는 모두 4×6＝24(개)입니다.

유제 10 **예** 한 면이 색칠된 작은 정육면체는 (6＋3＋2)×2＝22(개), 두 면이 색칠된 작은 정육면체는 (2＋1＋3)×4＝24(개), 세 면이 색칠된 작은 정육면체는 8개입니다.」**❶**

따라서 한 면도 색칠되지 않은 작은 정육면체는 60－(22＋24＋8)＝6(개)입니다.」**❷**

채점 기준

❶ 한 면, 두 면, 세 면이 색칠된 작은 정육면체는 각각 몇 개인지 구하기
❷ 한 면도 색칠되지 않은 작은 정육면체는 몇 개인지 구하기

유형 ⑥ (2) 빨간색 면과 수직인 면의 색은 빨간색 면과 만나는 면의 색이므로 연두색, 노란색, 흰색, 파란색입니다.

(3) 빨간색 면과 평행한 면의 색은 빨간색 면과 수직인 면을 제외한 나머지 면의 색이므로 주황색입니다.

유제 11 세 루빅큐브를 보고 서로 다른 국기를 모두 찾아보면 태극기, 브라질 국기, 캐나다 국기, 미국 국기, 영국 국기, 가나 국기입니다.

태극기가 그려진 면과 수직인 면에 그려진 국기는 브라질 국기, 캐나다 국기, 영국 국기, 가나 국기입니다.

따라서 태극기가 그려진 면과 평행한 면에 그려진 국기는 태극기가 그려진 면과 수직인 면에 그려진 국기를 제외한 미국 국기입니다.

유제 12 세 루빅큐브를 보고 서로 다른 수를 찾아보면 1부터 6까지의 자연수입니다.

6이 쓰인 면과 평행한 면에 쓰인 수는 6이 쓰인 면과 수직인 면에 쓰인 수 1, 2, 3, 4를 제외한 수이므로 5입니다. 따라서 5가 쓰인 면에 5가 9개 있으므로 5×9＝45입니다.

상위권 문제 확인과 응용	92~95쪽
1 1, 2, 5, 6	**2** 16 cm
3 풀이 참조, 18개	**4** 82 cm
5 36 cm	**6** ㉢
7 96 cm	**8** 빨간색 선
9 풀이 참조, 4	
10	
11 84 cm	**12** 410 cm

1 윗면의 눈의 수가 4이므로 바닥에 닿는 면의 눈의 수는 $7-4=3$입니다.
따라서 ㉠에 올 수 있는 눈의 수는 1부터 6까지의 수 중에서 3과 4를 제외한 1, 2, 5, 6입니다.

2 (직육면체 가의 모든 모서리의 길이의 합)
$=(24+9+15)\times 4=192$(cm)
정육면체는 모서리가 12개이고, 그 길이가 모두 같으므로 정육면체 나의 한 모서리의 길이는
$192\div 12=16$(cm)입니다.

3 ⓐ 정육면체 4개의 면은 모두 $6\times 4=24$(개)입니다.」❶
맞닿는 곳이 3군데이므로 맞닿는 면은 $2\times 3=6$(개)입니다.」❷
따라서 바닥에 닿는 면을 포함한 정사각형 모양의 겉면은 모두 $24-6=18$(개)입니다.」❸

채점 기준	
❶ 정육면체 4개의 면은 모두 몇 개인지 구하기	
❷ 맞닿는 면은 몇 개인지 구하기	
❸ 정사각형 모양의 겉면은 모두 몇 개인지 구하기	

4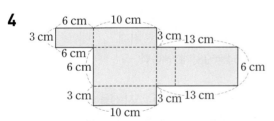
(전개도의 둘레)$=3+6+6+3+10+3+13+6$
$\qquad\qquad\qquad +13+3+10+6$
$\qquad\qquad =82$(cm)

5 위와 앞에서 본 모양을 보고 직육면체를 그려 보면 오른쪽과 같습니다.

⇨ (모든 모서리의 길이의 합)
$=(3+2+4)\times 4=36$(cm)

6 전개도를 접었을 때 서로 평행한 면에 있는 모양을 짝 지어 보면 (★, ▦), (♥, ♠), (♣, ▲)입니다.
㉠은 (♥, ♠)가 수직이고, ㉡은 (♣, ▲)가 수직이고, ㉣은 (★, ▦)가 수직이므로 전개도를 접어서 만들 수 있는 정육면체는 ㉢입니다.

7 24와 32는 모두 8의 배수이므로 만들 수 있는 가장 큰 정육면체의 한 모서리의 길이는 8 cm입니다.

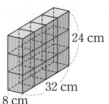

따라서 가장 큰 정육면체 한 개의 모든 모서리의 길이의 합은 $8\times 12=96$(cm)입니다.

8 전개도를 그려 보면 다음과 같습니다.

　⇨ 빨간색 선이 파란색 선보다 더 깁니다.

9 ⓐ 마주 보는 면의 눈의 수의 합이 7이므로 3층 주사위의 아랫면의 눈의 수는 $7-1=6$입니다.」❶
2층 주사위의 윗면의 눈의 수가 $8-6=2$이므로 2층 주사위의 아랫면의 눈의 수는 $7-2=5$입니다.」❷
따라서 1층 주사위의 윗면의 눈의 수가 $8-5=3$이므로 바닥에 닿는 면의 눈의 수는 $7-3=4$입니다.」❸

채점 기준	
❶ 3층 주사위의 아랫면의 눈의 수 구하기	
❷ 2층 주사위의 아랫면의 눈의 수 구하기	
❸ 바닥에 닿는 면의 눈의 수 구하기	

10

겨냥도를 보고 오른쪽 전개도에 꼭짓점의 기호를 쓴 다음 페인트가 묻은 부분을 알맞게 색칠합니다.

11 1층에 쌓은 상자는 가로로 7개, 세로로 7개이고, 4층까지 쌓았으므로 가장 작은 정육면체를 만들려면 한 모서리가 상자 7개로 이루어진 정육면체를 만들어야 합니다.
따라서 만든 정육면체의 한 모서리의 길이가 7 cm이므로 모든 모서리의 길이의 합은
$7\times 12=84$(cm)입니다.

12 럭비공을 앞과 옆에서 보았을 때 가능한 작게 만든 직육면체 모양의 상자는 세 모서리의 길이가 각각 29 cm, 60 cm, 29 cm가 되어야 합니다.

따라서 포장에 사용한 테이프는 길이가 29 cm인 부분이 10군데, 길이가 60 cm인 부분이 2군데이므로 사용한 테이프는 모두 $29 \times 10 + 60 \times 2 = 410$(cm)입니다.

최상위권 문제   96~97쪽

1 3가지   **2** ㉠, ㉢

3 6개   **4** 예

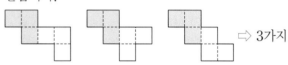

5 98개   **6** 12가지

---

1 점선 다음에만 면을 이어 붙일 수 있는 것에 주의하여 가능한 정육면체의 전개도를 그려 보면 다음과 같습니다.

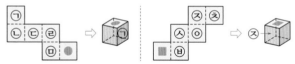

⇨ 3가지

2 비법 PLUS 전개도를 2개로 나누어 정육면체를 접었을 때 서로 맞닿는 면을 찾아봅니다.

전개도를 2개로 나누어 보면 다음과 같습니다.

따라서 두 정육면체에서 서로 맞닿는 두 면은 면 ㉠과 면 ㉢입니다.

3 비법 PLUS 1층과 2층으로 나누어 잘리지 않는 정육면체를 각각 찾아봅니다.

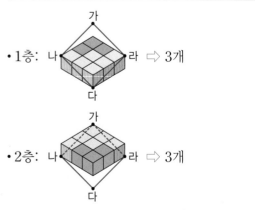

• 1층: ⇨ 3개

• 2층: ⇨ 3개

따라서 잘리지 않는 정육면체는 모두 $3 + 3 = 6$(개)입니다.

4

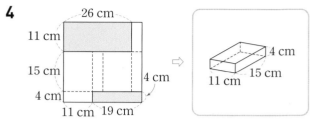

색칠한 부분을 잘라 내고 남은 도화지에 직육면체의 전개도를 그려 보면 길이가 서로 다른 세 모서리의 길이는 각각 4 cm, 11 cm, 15 cm입니다.

5 $5 \times 5 \times 5 = 125$이므로 가로로 5개, 세로로 5개씩 5층으로 쌓아 큰 정육면체를 만듭니다.

• 큰 정육면체의 꼭짓점을 포함하는 작은 정육면체 8개에는 세 면 중 한 면만 색칠될 수 있습니다.

• 큰 정육면체의 모서리에 있으면서 큰 정육면체의 꼭짓점을 포함하지 않는 작은 정육면체 $3 \times 12 = 36$(개)에는 두 면 중 한 면만 색칠될 수 있습니다.

• 큰 정육면체의 면에 있으면서 큰 정육면체의 모서리를 포함하지 않는 작은 정육면체 $9 \times 6 = 54$(개)에는 한 면이 색칠될 수 있습니다.

따라서 색칠된 바깥쪽 면은 최대 $8 + 36 + 54 = 98$(개)입니다.

6 비법 PLUS 점 ㉠에서 점 ㉡까지 선을 따라 가장 가깝게 갈 수 있는 방법의 가짓수를 나타내면 다음과 같습니다.

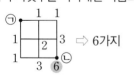

⇨ 6가지

가장 가깝게 갈 수 있는 방법은 모서리를 4개만 지나야 합니다.

꼭짓점 ㉮에서 꼭짓점 ㉯까지 모서리를 따라 가장 가깝게 갈 수 있는 방법의 가짓수를 나타내면 다음과 같습니다.

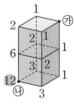

따라서 가장 가깝게 갈 수 있는 방법은 모두 12가지입니다.

6 평균과 가능성

핵심 개념과 문제　　　　101쪽

1 31명 / 30명	**2** 기열
3 750회	**4** 12개
5 오후 4시 10분	**6** 41 kg

1 ・(5학년의 반별 학생 수의 평균)
$$=(32+33+29+30)÷4$$
$$=124÷4=31(명)$$
・(6학년의 반별 학생 수의 평균)
$$=(29+28+31+28+34)÷5$$
$$=150÷5=30(명)$$

2 반별 학생 수의 평균을 비교하면 31명＞30명이므로 5학년의 반별 학생 수가 더 많습니다.

3 (수정이가 30일 동안 윗몸 말아 올리기를 한 횟수)
$$=25×30=750(회)$$

4 (일주일 동안 모은 빈 병 수)＝8×7＝56(개)
⇨ (수요일에 모은 빈 병 수)
$$=56-7-6-9-11-7-4=12(개)$$

5 운동을 어제는 40분, 오늘은 50분 했으므로 운동 시간의 평균이 40분이 되기 위해 내일은 운동을 30분 해야 합니다.
따라서 내일 운동이 끝나는 시각은
오후 3시 40분＋30분＝오후 4시 10분입니다.

6 (기존 모둠의 몸무게의 평균)
$$=(34+35+39+36)÷4=144÷4=36(kg)$$
호동이가 들어온 후 전체 모둠의 몸무게의 총합은 36+5＝41(kg) 늘어났습니다.
따라서 호동이의 몸무게는 41 kg입니다.

핵심 개념과 문제　　　　103쪽

1 ✕ (선으로 연결)	**2** 나, 다, 가, 라
3 반반이다 / $\frac{1}{2}$	**4** ㉡, ㉠, ㉢
5 가	**6** 다

1 ・3과 4를 곱하면 3×4＝12가 되므로 8이 되는 것은 불가능합니다.
・계산기에 '3＋3＝'을 누르면 3＋3＝6이 나오므로 확실합니다.

2 회전판에 파란색의 넓이가 넓을수록 화살이 파란색에 멈출 가능성이 높습니다.

3 ○✕ 문제의 정답이 ✕일 가능성은 '반반이다'이며, '반반이다'를 수로 표현하면 $\frac{1}{2}$입니다.

4 ㉠ 반반이다 → $\frac{1}{2}$
㉡ 확실하다 → 1
㉢ 불가능하다 → 0
⇨ ㉡＞㉠＞㉢

5 빨간색, 파란색, 노란색에 멈춘 횟수가 모두 비슷하므로 빨간색, 파란색, 노란색의 넓이를 모두 같게 그린 회전판 가와 일이 일어날 가능성이 가장 비슷합니다.

6 빨간색과 파란색에 멈춘 횟수가 비슷하고, 노란색에 멈춘 횟수가 가장 많으므로 빨간색과 파란색의 넓이는 같고 노란색의 넓이를 가장 넓게 그린 회전판 다와 일이 일어날 가능성이 가장 비슷합니다.

상위권 문제　　　　104~109쪽

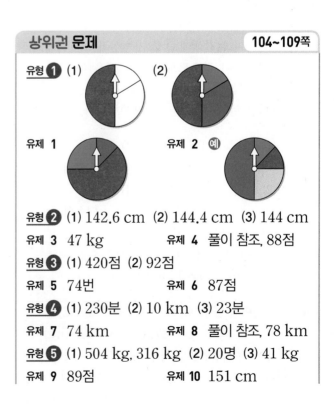

유형 **1** (1)　　(2)
유제 1　　유제 2 예

유형 **2** (1) 142.6 cm (2) 144.4 cm (3) 144 cm
유제 3　47 kg　　　　유제 4　풀이 참조, 88점
유형 **3** (1) 420점 (2) 92점
유제 5　74번　　　　유제 6　87점
유형 **4** (1) 230분 (2) 10 km (3) 23분
유제 7　74 km　　　　유제 8　풀이 참조, 78 km
유형 **5** (1) 504 kg, 316 kg (2) 20명 (3) 41 kg
유제 9　89점　　　　유제 10　151 cm

유형 6 (1) 20대

(2) 예

대리점 방법	가	나	다	라	총합
1	84	88	97	91	360
2	89	93	92	86	360
3	84	93	92	91	360

유제 11 예

과목 방법	국어	수학	사회	과학	총점
1	97	100	85	78	360
2	87	90	95	88	360
3	92	90	80	98	360

유형 1 (1) 화살이 빨간색에 멈출 가능성이 가장 높으므로 가장 넓은 곳에 빨간색을 색칠합니다.

(2) 화살이 파란색에 멈출 가능성이 초록색에 멈출 가능성의 2배이므로 가장 좁은 곳에 초록색을 색칠하고, 초록색을 색칠한 곳보다 넓이가 2배인 곳에 파란색을 색칠합니다.

유제 1 • 화살이 파란색에 멈출 가능성이 가장 낮으므로 가장 좁은 곳에 파란색을 색칠합니다.

• 화살이 빨간색에 멈출 가능성이 초록색에 멈출 가능성의 $2\frac{1}{2}$배이므로 더 좁은 곳에 초록색을 색칠하고, 초록색을 색칠한 곳보다 넓이가 $2\frac{1}{2}$배인 곳에 빨간색을 색칠합니다.

유제 2 • 화살이 파란색에 멈출 가능성이 가장 높으므로 가장 넓은 곳에 파란색을 색칠합니다.

• 화살이 빨간색에 멈출 가능성과 초록색에 멈출 가능성이 같으므로 넓이가 같은 두 곳에 각각 빨간색과 초록색을 색칠합니다.

• 남은 한 곳에 노란색을 색칠합니다.

유형 2 (1) (경호의 키)＝(연수의 키)－2.4
＝145－2.4＝142.6(cm)

(2) (선우의 키)＝(경호의 키)＋1.8
＝142.6＋1.8＝144.4(cm)

(3) (세 사람의 키의 평균)
＝(142.6＋145＋144.4)÷3
＝432÷3＝144(cm)

유제 3 • (윤미의 몸무게)＝(지우의 몸무게)＋2.5
＝47.2＋2.5＝49.7(kg)

• (혜주의 몸무게)＝(윤미의 몸무게)－5.6
＝49.7－5.6＝44.1(kg)

⇨ (세 사람의 몸무게의 평균)
＝(49.7＋47.2＋44.1)÷3
＝141÷3＝47(kg)

유제 4 예 경민이의 수학 점수는 87－3＝84(점)입니다.」❶

은지의 수학 점수는 84＋9＝93(점)입니다.」❷

따라서 세 사람의 수학 점수의 평균은
(84＋87＋93)÷3＝264÷3＝88(점)입니다.」❸

채점 기준	
❶ 경민이의 수학 점수 구하기	
❷ 은지의 수학 점수 구하기	
❸ 세 사람의 수학 점수의 평균 구하기	

유형 3 (1) 1회부터 5회까지의 점수의 평균이 84점 이상이 되려면 1회부터 5회까지의 점수의 합이 적어도 84×5＝420(점)이어야 합니다.

(2) 5회에서는 적어도
420－78－86－80－84＝92(점)을 받아야 합니다.

유제 5 월요일부터 일요일까지 줄넘기 기록의 평균이 70번 이상이 되려면 월요일부터 일요일까지 줄넘기 기록의 합이 적어도 70×7＝490(번)이어야 합니다.

따라서 일요일에는 적어도
490－72－66－75－69－70－64＝74(번)을 넘어야 합니다.

유제 6 다섯 과목의 점수의 합은 90×5＝450(점) 이상이어야 하므로 사회 점수와 과학 점수의 합은 450－88－96－92＝174(점) 이상이어야 합니다.

따라서 사회 점수와 과학 점수의 평균이 적어도 174÷2＝87(점)이 되어야 합니다.

유형 4 (1) (전체 걸린 시간)
＝1시간 20분＋2시간 30분
＝3시간 50분＝230분

(2) (전체 달린 거리)＝5＋5＝10(km)

(3) (전체 걸린 시간)÷(전체 달린 거리)
＝230÷10＝23(분)

유제 7 • (전체 달린 거리)＝160＋210＝370(km)

• (전체 걸린 시간)＝2＋3＝5(시간)

⇨ (전체 달린 거리)÷(전체 걸린 시간)
＝370÷5＝74(km)

유제 8 📖 할머니 댁에 가는 데 전체 간 거리는 180+210=390(km)입니다.」❶

기차를 타고 간 시간은 180÷90=2(시간)이고, 버스를 타고 간 시간은 210÷70=3(시간)이므로 할머니 댁에 가는 데 전체 걸린 시간은 2+3=5(시간)입니다.」❷

따라서 할머니 댁에 가는 데 한 시간에 간 거리의 평균은 390÷5=78(km)입니다.」❸

채점 기준
❶ 할머니 댁에 가는 데 전체 간 거리 구하기
❷ 할머니 댁에 가는 데 전체 걸린 시간 구하기
❸ 할머니 댁에 가는 데 한 시간에 간 거리의 평균 구하기

유형 ❺ (1) ・ (남학생 12명의 몸무게의 합)
$=42×12=504(kg)$

・ (여학생 8명의 몸무게의 합)
$=39.5×8=316(kg)$

(2) (민우네 반 전체 학생 수)=12+8=20(명)

(3) (민우네 반 전체 학생의 몸무게의 평균)
$=(504+316)÷20=820÷20=41(kg)$

유제 9 ・ (남학생 15명의 수학 점수의 합)
$=88.6×15=1329(점)$

・ (여학생 10명의 수학 점수의 합)
$=89.6×10=896(점)$

・ (해용이네 반 전체 학생 수)
$=15+10=25(명)$

⇨ (해용이네 반 전체 학생의 수학 점수의 평균)
$=(1329+896)÷25$
$=2225÷25=89(점)$

유제 10 ・ (가영이의 키)+(나리의 키)
$=148.3×2=296.6(cm)$

・ (나리의 키)+(다율이의 키)
$=152.5×2=305(cm)$

・ (다율이의 키)+(가영이의 키)
$=152.2×2=304.4(cm)$

・ (가영이의 키)+(나리의 키)+(다율이의 키)
$=(296.6+305+304.4)÷2$
$=906÷2=453(cm)$

⇨ (세 사람의 키의 평균)
$=453÷3=151(cm)$

유형 ❻ (1) 5×4=20(대) 더 많이 팔아야 합니다.

(2) 상반기 자동차 판매량의 총합이 79+83+92+86=340(대)이므로 하반기 자동차 판매량의 총합은 340+20=360(대)가 되어야 합니다.

유제 11 다음 시험에서 점수의 평균을 10점 올리기 위해서 총점은 10×4=40(점) 더 올려야 합니다.

중간고사 총점이 87+90+75+68=320(점)이므로 다음 시험의 총점은 320+40=360(점)이 되어야 합니다.

상위권 **문제 확인과 응용**	110~113쪽

1 13
2 📖
3 87점 / 95점
4 50 m²
5 ㉣, ㉠, ㉡, ㉢
6 풀이 참조, 46개
7 40 kg
8 9개
9 풀이 참조, 0
10 12.5초
11 15점
12

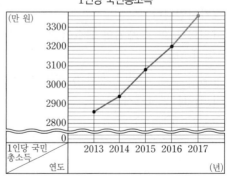

1 합이 같도록 두 수씩 짝 지어 1부터 25까지의 자연수의 합을 구하면 다음과 같습니다.

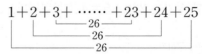

$=26×12+13=325$

⇨ (평균)=325÷25=13

2 구슬 6개가 들어 있는 주머니에서 1개 이상의 구슬을 꺼낼 때 나올 수 있는 구슬의 개수는 1개, 2개, 3개, 4개, 5개, 6개로 6가지 경우가 있습니다. 이 중 꺼낸 구슬의 개수가 홀수인 경우는 1개, 3개, 5개로 3가지이고, 짝수인 경우는 2개, 4개, 6개로 3가지입니다. 따라서 꺼낸 구슬의 개수가 홀수일 가능성과 짝수일 가능성은 각각 '반반이다'이므로 회전판의 6칸 중 3칸에 노란색을 색칠합니다.

3 다섯 과목의 점수의 합이 $86 \times 5 = 430$(점)이므로 수학 점수와 사회 점수의 합은
$430 - 91 - 72 - 85 = 182$(점)입니다.
수학 점수를 8■점, 사회 점수를 ▲5점이라 하면
8■＋▲5＝182에서 ■＝7, ▲＝9입니다.
따라서 수학 점수는 87점, 사회 점수는 95점입니다.

4 ・(첫째 날 꽃을 심은 시간의 합)＝$5 \times 8 = 40$(시간)
・(둘째 날 꽃을 심은 시간의 합)＝$4 \times 5 = 20$(시간)
・(꽃을 심는 데 전체 걸린 시간)＝$40 + 20$
$= 60$(시간)
따라서 한 사람이 한 시간에 꽃을 심은 땅의 넓이의 평균은 $3000 \div 60 = 50 (\text{m}^2)$입니다.

5 ㉠ 주사위의 눈의 수가 3 이하인 경우는 1, 2, 3이므로 3가지입니다.
㉡ 주사위의 눈의 수가 5의 약수인 경우는 1, 5이므로 2가지입니다.
㉢ 주사위의 눈의 수가 6의 배수인 경우는 6이므로 1가지입니다.
㉣ 주사위의 눈의 수가 1 초과 6 미만인 경우는 2, 3, 4, 5이므로 4가지입니다.
⇨ ㉣＞㉠＞㉡＞㉢

6 예 전체 밤 생산량은 $194 \times 5 = 970 (\text{kg})$입니다.」❶
나 마을의 밤 생산량은
$970 - 120 - 170 - 260 - 190 = 230 (\text{kg})$입니다.」❷
따라서 필요한 상자는 $230 \div 5 = 46$(개)입니다.」❸

채점 기준
❶ 전체 밤 생산량 구하기
❷ 나 마을의 밤 생산량 구하기
❸ 필요한 상자의 수 구하기

7 ・(여학생 수)＝$38 - 20 = 18$(명)
・(반 전체 학생의 몸무게의 합)
$= 45.5 \times 38 = 1729 (\text{kg})$
・(남학생의 몸무게의 합)＝$50.45 \times 20 = 1009 (\text{kg})$
⇨ (여학생의 몸무게의 평균)
$= (1729 - 1009) \div 18 = 720 \div 18 = 40 (\text{kg})$

8 한 과목의 점수인 87점을 78점으로 잘못 보고 계산한 경우에는 전체 점수의 합이 $87 - 78 = 9$(점)만큼 부족합니다. 단원 평가의 과목 수를 ☐개라 하면
(전체 점수의 합)＝$87 \times$☐＝$86 \times$☐＋9이므로
$87 \times$☐$- 86 \times$☐＝9, ☐＝9입니다.
따라서 새롬이가 본 단원 평가의 과목은 모두 9개입니다.

9 예 5의 배수는 일의 자리 숫자가 0 또는 5이어야 하는데 4장의 수 카드 중에서 0과 5가 없으므로 두 자리 수를 만들 때 5의 배수일 가능성은 '불가능하다'입니다.」❶
따라서 '불가능하다'를 수로 표현하면 0입니다.」❷

채점 기준
❶ 5의 배수일 가능성을 말로 표현하기
❷ 5의 배수일 가능성을 수로 표현하기

10 ・(금메달, 은메달, 동메달을 딴 선수의 기록의 합)
$= 12.2 \times 3 = 36.6$(초)
・(동메달을 딴 선수와 메달을 따지 못한 나머지 두 선수의 기록의 합)
$= 13.3 \times 3 = 39.9$(초)
・(5명의 기록의 합)＝$12.8 \times 5 = 64$(초)
⇨ (동메달을 딴 선수의 기록)
＝(금메달, 은메달, 동메달을 딴 선수의 기록의 합)
＋(동메달을 딴 선수와 메달을 따지 못한 나머지 두 선수의 기록의 합)
－(5명의 기록의 합)
$= 36.6 + 39.9 - 64$
$= 12.5$(초)

11 소연이의 난도 점수는 가장 높은 점수 9점과 가장 낮은 점수 6점을 제외한 나머지 점수의 평균이므로
$(8 + 8) \div 2 = 16 \div 2 = 8$(점)이고, 실시 점수는 가장 높은 점수 9점과 가장 낮은 점수 5점을 제외한 나머지 점수의 평균이므로 $(8 + 6 + 7) \div 3 = 21 \div 3 = 7$(점)입니다.
따라서 소연이가 받은 곤봉 점수는 $8 + 7 = 15$(점)입니다.

12 5년 동안 1인당 국민총소득의 평균이 3088만 원이 므로 2013년부터 2017년까지의 1인당 국민총소득 의 합은 $3088×5=15440$(만 원)입니다.
세로 눈금 한 칸이
$(2900-2800)÷5=100÷5=20$(만 원)을 나타 내므로 2013년부터 2016년까지의 1인당 국민총소 득은 차례대로 2860만 원, 2940만 원, 3080만 원, 3200만 원입니다.
따라서 2017년의 1인당 국민총소득은
$15440-2860-2940-3080-3200=3360$(만 원) 입니다.

최상위권 문제   114~115쪽

1 26		**2** 15개	
3 8		**4** 91점	
5 4명		**6** 12명	

1 $\underline{(4◎\square)◎3=9}_{\bigcirc}$

→ $(\bigcirc+3)÷2=9$, $\bigcirc+3=18$, $\bigcirc=15$

⇨ $4◎\square=15$

→ $(4+\square)÷2=15$, $4+\square=30$, $\square=26$

2 **비법 PLUS** 지금 주머니에서 바둑돌 1개를 꺼낼 때 검은 색 바둑돌이 나올 가능성이 '반반이다'이면 지금 주머니에 들어 있는 검은색 바둑돌과 흰색 바둑돌 수는 같습니다.

지금 주머니에서 바둑돌 1개를 꺼낼 때 검은색 바둑 돌이 나올 가능성이 '반반이다'이므로 지금 주머니에 는 검은색 바둑돌 6개와 흰색 바둑돌 6개가 들어 있 습니다.
따라서 처음 주머니에 들어 있던 흰색 바둑돌은
$6+3=9$(개)이므로 처음 주머니에 들어 있던 바둑 돌은 모두 $6+9=15$(개)입니다.

3 **비법 PLUS** 먼저 5개의 식을 모두 더해 ㉠, ㉡, ㉢, ㉣, ㉤의 합의 2배를 구합니다.

㉠+㉡=9, ㉡+㉢=12, ㉢+㉣=17,
㉣+㉤=24, ㉤+㉠=18이므로
(㉠+㉡)+(㉡+㉢)+(㉢+㉣)+(㉣+㉤)
+(㉤+㉠)=9+12+17+24+18,
(㉠+㉡+㉢+㉣+㉤)×2=80,
㉠+㉡+㉢+㉣+㉤=40입니다.
따라서 ㉠, ㉡, ㉢, ㉣, ㉤의 평균은
(㉠+㉡+㉢+㉣+㉤)÷5=40÷5=8입니다.

4 **비법 PLUS** (합격한 25명의 점수의 합)
+(불합격한 75명의 점수의 합)
=(응시한 100명의 점수의 합)

(응시한 100명의 점수의 합)
$=83.5×100=8350$(점)
합격한 25명의 점수의 평균을 $\square$점이라 하면 불합 격한 75명의 점수의 평균은 $(\square-10)$점이므로
$\square×25+(\square-10)×75=8350$,
$\square×25+\square×75-750=8350$,
$\square×100=9100$, $\square=91$입니다.
따라서 합격한 25명의 점수의 평균은 91점입니다.

5 **비법 PLUS** 심사 위원의 수를 $(\square+1)$명이라 하여 식을 만듭니다.

심사 위원의 수를 $(\square+1)$명이라 하면
(전체 받은 점수의 합)
$=13×(\square+1)=11×\square+19$이므로
$13×\square+13=11×\square+19$,
$13×\square-11×\square=19-13$,
$2×\square=6$, $\square=3$입니다.
따라서 심사 위원은 모두 $3+1=4$(명)입니다.

6 **비법 PLUS** 50점을 받은 학생은 3번만 맞혔거나 1번과 2번을 모두 맞힌 학생입니다.

(반 전체 학생의 점수의 합)$=55.6×25=1390$(점)
50점을 받은 학생 수를 $\square$명이라 하면
$20×1+30×2+50×\square+70×4+80×6$
$+100×2=1390$,
$1040+50×\square=1390$, $50×\square=350$,
$\square=7$입니다.
(0점인 학생 수)$=25-1-2-7-4-6-2$
$=3$(명)
50점을 받은 학생 중에서 3번만 맞힌 학생 수를 △명 이라 하면 3번을 맞힌 학생이 받을 수 있는 점수는
50점, 70점, 80점, 100점이므로
(3번을 맞힌 학생 수)$=△+4+6+2=17$에서
$△=5$입니다.
50점을 받은 학생 중에서 3번만 맞힌 학생이 5명이 므로 1번과 2번을 맞힌 학생은 $7-5=2$(명)입니다.
따라서 2번을 맞힌 학생이 받을 수 있는 점수는 30점, 50점, 80점, 100점이므로 2번을 맞힌 학생은
$2+2+6+2=12$(명)입니다.

❶ 수의 범위와 어림하기

복습 상위권 문제　　　　　　　　2~3쪽

1 30	**2** 54
3 238명 초과 245명 이하	
4 351000원	**5** 6개
6 4개	**7** 72023
8 74500원	

1 8621을 올림하여 십의 자리까지 나타내면
8621 ⇨ 8630이고,
8621을 버림하여 백의 자리까지 나타내면
8621 ⇨ 8600입니다.
따라서 어림한 두 수의 차는 8630−8600＝30입니다.

2 수직선에 나타낸 수의 범위는 ㉠ 이상 62 이하인 수입니다.
62 이하인 수는 62를 포함하므로 62 이하인 자연수를 큰 수부터 차례대로 9개 쓰면 62, 61, 60, 59, 58, 57, 56, 55, 54입니다.
이때 ㉠ 이상인 수는 ㉠을 포함하므로 ㉠에 알맞은 자연수는 54입니다.

3 긴 의자 34개에 7명씩 앉고 1명이 긴 의자 1개에 앉으면 7×34＋1＝239(명)이고, 긴 의자 35개에 7명씩 모두 앉으면 7×35＝245(명)입니다.
따라서 윤호네 학교 5학년 학생은
238명 초과 245명 이하입니다.

4 (어제와 오늘 수확한 귤의 수)
＝1264＋1497＝2761(개)
귤을 한 상자에 100개씩 담아서 팔아야 하므로 100개가 안 되는 귤은 상자에 담아 팔 수 없습니다.
2761을 버림하여 백의 자리까지 나타내면 2700이므로 귤을 2700÷100＝27(상자)까지 팔 수 있습니다.
따라서 귤을 팔아서 받을 수 있는 돈은 모두
13000×27＝351000(원)입니다.

5 자연수 부분이 될 수 있는 수는 5 초과 7 이하인 수이므로 6, 7이고, 소수 첫째 자리 수가 될 수 있는 수는 3 이상 6 미만인 수이므로 3, 4, 5입니다.
따라서 만들 수 있는 소수 한 자리 수는 6.3, 6.4, 6.5, 7.3, 7.4, 7.5로 모두 6개입니다.

6 백의 자리 수가 4, 6인 세 자리 수를 만들면 402, 406, <u>420, 426, 460, 462, 602, 604, 620, 624,</u> 640, 642입니다. └•420 이상 640 미만인 수
이 중에서 6으로 나누어떨어지는 수는 420÷6＝70, 426÷6＝71, 462÷6＝77, 624÷6＝104로 모두 4개입니다.

7 십의 자리에서 반올림하여 나타낸 수가 72000이 되는 다섯 자리 수의 범위는 71950 이상 72049 이하인 수입니다.
■▲023은 71950 이상 72049 이하인 수이므로 만의 자리 수는 7입니다.
7▲023에서 백의 자리 수가 0이므로 천의 자리 수는 2입니다.
따라서 어림하기 전의 다섯 자리 수는 72023입니다.

8 8월 사용량 440 kWh의 기본요금은 400 kWh 초과 사용 구간이므로 7300원입니다.
⇨ (현우네 집의 8월 전기 요금)
＝7300＋200×93＋200×187＋40×280
＝7300＋18600＋37400＋11200
＝74500(원)

복습 상위권 문제 확인과 응용　　　　4~7쪽

1 3개	**2** 34500원
3 4280개	**4** 29장
5 73900	
6 15 cm 이상 24 cm 이하	
7 0, 1, 2, 3, 4	**8** 9.578
9 501개	**10** 19349명
11 39000원	**12** 199장

1 수직선에 나타낸 수의 범위는 32 초과 38 이하인 수입니다.
따라서 33에서 38까지의 자연수 중에서 2로 나누어떨어지는 수는 34, 36, 38로 모두 3개입니다.

2 (택배 요금)
    =(2 kg인 물건 3개의 요금)
        +(4.5 kg인 물건 2개의 요금)
        +(7 kg인 물건 1개의 요금)
    =5000×3+6000×2+7500
    =15000+12000+7500
    =34500(원)

3 올림하여 십의 자리까지 나타낸 수가 2140이 되는 자연수의 범위는 2131 이상 2140 이하인 수입니다. 따라서 학생 수가 가장 많은 경우에도 빵이 모자라지 않아야 하므로 최소 2140×2=4280(개)를 준비해야 합니다.

4 •32500을 올림하여 천의 자리까지 나타내면 33000이므로 준혁이는 1000원짜리 지폐를 최소 33장 내야 합니다.
    •32500을 올림하여 만의 자리까지 나타내면 40000이므로 민지는 10000원짜리 지폐를 최소 4장 내야 합니다.
    따라서 두 사람이 내야 할 최소 지폐 수의 차는 33-4=29(장)입니다.

5 •만들 수 있는 가장 큰 수: 97632
    •만들 수 있는 가장 작은 수: 23679
    반올림하여 백의 자리까지 나타내면 각각
    97632 ⇨ 97600, 23679 ⇨ 23700입니다.
    따라서 어림한 두 수의 차는
    97600-23700=73900입니다.

6 (정육각형의 한 변의 길이)
    =(정육각형의 모든 변의 길이의 합)÷6이므로
    모든 변의 길이의 합이 90 cm일 때 정육각형의 한 변의 길이는 90÷6=15(cm)이고,
    모든 변의 길이의 합이 144 cm일 때 정육각형의 한 변의 길이는 144÷6=24(cm)입니다.
    따라서 정육각형의 한 변의 길이는
    15 cm 이상 24 cm 이하입니다.

7 •5□72에서 □=9라 하더라도 버림하여 천의 자리까지 나타내면 5000입니다.
    •5□72를 반올림하여 천의 자리까지 나타낸 수가 5000이 되어야 하므로 □ 안에 들어갈 수 있는 수는 0 이상 4 이하인 수입니다.
    따라서 □ 안에 들어갈 수 있는 수는 0, 1, 2, 3, 4 입니다.

8 •자연수 부분은 가장 큰 한 자리 수이므로 9입니다.
    ⇨ 9.□□□
    •소수 첫째 자리 수는 5 이상 6 미만인 수이므로 5 입니다. ⇨ 9.5□□
    •소수 둘째 자리 수는 6 초과 8 미만인 수이므로 7 입니다. ⇨ 9.57□
    •각 자리 수의 합이 29이므로 9+5+7+□=29, □=8입니다. ⇨ 9.578

9 올림하여 천의 자리까지 나타낸 수가 6000이 되는 자연수의 범위는 5001 이상 6000 이하인 수이고, 반올림하여 천의 자리까지 나타낸 수가 6000이 되는 자연수의 범위는 5500 이상 6499 이하인 수입니다.

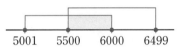

따라서 조건을 모두 만족하는 네 자리 수의 범위는 5500 이상 6000 이하인 수이므로 모두
6000-5500+1=501(개)입니다.

10 버림하여 천의 자리까지 나타낸 수가 42000이 되는 자연수의 범위는 42000 이상 42999 이하인 수이고, 십의 자리에서 반올림하여 나타낸 수가 61300이 되는 자연수의 범위는 61250 이상 61349 이하인 수입니다.
    관람객 수의 차가 가장 클 때는 이번 주의 가장 많은 관람객 수인 61349명과 지난주의 가장 적은 관람객 수인 42000명일 때입니다.
    따라서 관람객 수의 차가 가장 클 때의 차는
    61349-42000=19349(명)입니다.

11 나이에 따른 요금을 알아보면 만 42세인 아버지, 만 39세인 어머니는 어른 요금, 만 13세인 오빠는 청소년 요금, 만 11세인 윤아는 어린이 요금을 내야 합니다.
    따라서 어른 요금 2명, 청소년 요금 1명, 어린이 요금 1명이므로 윤아네 가족 4명이 내야 할 입장료는 모두
    12000×2+9000+6000
    =24000+9000+6000=39000(원)입니다.

12 올림하여 백의 자리까지 나타낸 수가 7900이 되는 자연수의 범위는 7801 이상 7900 이하인 수이므로 참가자 수의 범위는 7801명 이상 7900명 이하입니다.
    따라서 나누어 주고 남는 티셔츠가 가장 많은 경우는 참가자 수가 가장 적은 7801명일 때이므로 남는 티셔츠는 8000-7801=199(장)입니다.

정답과 풀이 Review Book

8~9쪽

복습 최상위권 문제

1 34   **2** ㉮ 문방구

3 297상자   **4** 800

5 11명 초과 18명 미만   **6** 6개

---

1 비법 PLUS

• ■ 이상 ▲ 이하인 자연수
⇨ (▲－■＋1)개
• ■ 초과 ▲ 미만인 자연수
⇨ (▲－■－1)개

• 50 이상 ㉮ 이하인 자연수는 13개이므로
㉮－50＋1＝13, ㉮＝13－1＋50＝62입니다.
• ㉯ 초과 40 미만인 자연수는 11개이므로
40－㉯－1＝11, ㉯＝40－1－11＝28입니다.
⇨ ㉮－㉯＝62－28＝34

2 (예지네 학교 전체 학생 수)＝290＋273＝563(명)
• ㉮ 문방구: 563을 올림하여 십의 자리까지 나타내면
570이므로 최소 57묶음을 사야 합니다.
⇨ 8000×57＝456000(원)
• ㉯ 문방구: 563÷50＝11…13이므로
최소 11＋1＝12(묶음)을 사야 합니다.
⇨ 39000×12＝468000(원)
따라서 456000<468000이므로 ㉮ 문방구에서 더
싸게 살 수 있습니다.

3 비법 PLUS 먼저 세 과수원의 포도 수확량의 범위를 이
상과 이하를 이용하여 나타내어 봅니다.

• 가 과수원: 반올림하여 백의 자리까지 나타낸 수가
2600이 되는 자연수의 범위
⇨ 2550 이상 2649 이하인 수
• 나 과수원: 반올림하여 백의 자리까지 나타낸 수가
2000이 되는 자연수의 범위
⇨ 1950 이상 2049 이하인 수
• 다 과수원: 반올림하여 백의 자리까지 나타낸 수가
3200이 되는 자연수의 범위
⇨ 3150 이상 3249 이하인 수
따라서 세 과수원의 포도 수확량이 가장 많을 때는
2649＋2049＋3249＝7947(상자)이고,
수확량이 가장 적을 때는
2550＋1950＋3150＝7650(상자)이므로
수확량의 차는 7947－7650＝297(상자)입니다.

4 비법 PLUS 먼저 만의 자리 수가 6인 가장 큰 수와 만의
자리 수가 7인 가장 작은 수를 만들어 70000에 더 가까운
수를 찾습니다.

만의 자리 수가 6인 가장 큰 수는 69753이고, 만의
자리 수가 7인 가장 작은 수는 70356입니다.
70000－69753＝247, 70356－70000＝356이
므로 70000에 더 가까운 수는 69753입니다.
따라서 69753을 버림하여 천의 자리까지 나타내면
69000이고, 반올림하여 백의 자리까지 나타내면
69800이므로 두 수의 차는 69800－69000＝800
입니다.

5 • 토끼 또는 다람쥐를 좋아하는 학생은 전체 학생보
다 많을 수 없으므로 토끼와 다람쥐를 모두 좋아하
는 학생은 23＋17－28＝12(명) 이상입니다.
• 토끼와 다람쥐를 모두 좋아하는 학생은 다람쥐를
좋아하는 학생 17명을 넘을 수 없으므로 17명 이
하입니다.
따라서 토끼와 다람쥐를 모두 좋아하는 학생은 12명
이상 17명 이하이므로 초과와 미만을 사용하여 나타
내면 11명 초과 18명 미만입니다.

6 비법 PLUS 먼저 백의 자리에서 반올림하여 나타내면
93000이 되는 자연수의 범위를 알아봅니다.

백의 자리에서 반올림하여 나타낸 수가 93000이 되
는 자연수의 범위는 92500 이상 93499 이하인 수
입니다.
• 만의 자리 수가 9이므로 9□□□□에서 천의 자리
수가 될 수 있는 수는 2, 3입니다.
• 천의 자리 수가 2라 하면 92□□□에서 백의 자리
수가 될 수 있는 수는 6, 7입니다.
┌ 926□□인 경우: 92637, 92673 ⇨ 2개
└ 927□□인 경우: 92736, 92763 ⇨ 2개
• 천의 자리 수가 3이라 하면 93□□□에서 백의 자
리 수가 될 수 있는 수는 2입니다.
932□□인 경우: 93267, 93276 ⇨ 2개
따라서 백의 자리에서 반올림하여 나타낸 수가
93000이 되는 수는 모두 2＋2＋2＝6(개)입니다.

❷ 분수의 곱셈

복습 상위권 문제　　　　　　　　　10~11쪽

1 $4, 5, 6, 7$	**2** 11 cm^2
3 $2\frac{16}{25}$	**4** 오전 11시 52분
5 $25\frac{3}{5} \text{ m}$	**6** $23\frac{1}{2}$
7 $3\frac{1}{2}$	**8** $\frac{33}{500}$

1 $\dfrac{1}{\square} \times \dfrac{1}{8} = \dfrac{1}{\square \times 8}$ 이므로

$\dfrac{1}{60} < \dfrac{1}{\square \times 8} < \dfrac{1}{30}$ 에서 $30 < \square \times 8 < 60$입니다.

따라서 $\square$ 안에 들어갈 수 있는 자연수는 $4, 5, 6, 7$입니다.

2

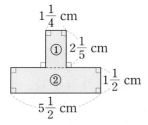

(도형의 넓이)$=$(①의 넓이)$+$(②의 넓이)

$$=1\frac{1}{4} \times 2\frac{1}{5} + 5\frac{1}{2} \times 1\frac{1}{2}$$

$$=\frac{\overset{1}{\cancel{5}}}{4} \times \frac{11}{\underset{1}{\cancel{5}}} + \frac{11}{2} \times \frac{3}{2}$$

$$=\frac{11}{4} + \frac{33}{4}$$

$$=\frac{44}{4} = 11 (\text{cm}^2)$$

3 $\left(2\dfrac{1}{5} \text{과} 5\dfrac{7}{25} \text{ 사이의 거리}\right)$

$$=5\frac{7}{25} - 2\frac{1}{5} = 5\frac{7}{25} - 2\frac{5}{25} = 3\frac{2}{25}$$

$2\dfrac{1}{5}$과 ㉠ 사이의 거리는 $2\dfrac{1}{5}$과 $5\dfrac{7}{25}$ 사이의 거리를 7등분 한 것 중의 1이므로

$$3\frac{2}{25} \times \frac{1}{7} = \frac{\overset{11}{\cancel{77}}}{25} \times \frac{1}{\underset{1}{\cancel{7}}} = \frac{11}{25} \text{입니다.}$$

따라서 ㉠에 알맞은 수는

$$2\frac{1}{5} + \frac{11}{25} = 2\frac{5}{25} + \frac{11}{25} = 2\frac{16}{25} \text{입니다.}$$

4 동규의 시계가 12일 동안 빨라지는 시간은

$$1\frac{5}{6} \times 12 = \frac{11}{\underset{1}{\cancel{6}}} \times \overset{2}{\cancel{12}} = 22(\text{분})\text{입니다.}$$

따라서 12일 후 오전 11시 30분에 동규의 시계가 가리키는 시각은
오전 11시 30분$+$22분$=$오전 11시 52분입니다.

5 • (공이 땅에 한 번 닿았다가 튀어 올랐을 때의 높이)

$$=\overset{10}{\cancel{50}} \times \frac{4}{\underset{1}{\cancel{5}}} = 40(\text{m})$$

• (공이 땅에 두 번 닿았다가 튀어 올랐을 때의 높이)

$$=\overset{8}{\cancel{40}} \times \frac{4}{\underset{1}{\cancel{5}}} = 32(\text{m})$$

➡ (공이 땅에 세 번 닿았다가 튀어 올랐을 때의 높이)

$$=32 \times \frac{4}{5} = \frac{128}{5} = 25\frac{3}{5}(\text{m})$$

6 자연수에 가장 작은 수를 놓아야 하므로 4를 놓고, 나머지 수 5, 7, 8로 가장 작은 대분수를 만들면 $5\dfrac{7}{8}$이므로 계산 결과가 가장 작을 때의 곱셈식은

$4 \times 5\dfrac{7}{8}$ 입니다.

따라서 계산 결과가 가장 작을 때의 곱은

$$4 \times 5\frac{7}{8} = \overset{1}{\cancel{4}} \times \frac{47}{\underset{2}{\cancel{8}}} = \frac{47}{2} = 23\frac{1}{2} \text{입니다.}$$

7 $\left(2-\dfrac{1}{2}\right) \times \left(2-\dfrac{2}{3}\right) \times \left(2-\dfrac{3}{4}\right) \times \left(2-\dfrac{4}{5}\right)$

$\times \left(2-\dfrac{5}{6}\right)$

$$=\frac{\overset{1}{\cancel{3}}}{2} \times \frac{\overset{1}{\cancel{4}}}{\underset{1}{\cancel{3}}} \times \frac{\overset{1}{\cancel{5}}}{\underset{1}{\cancel{4}}} \times \frac{\overset{1}{\cancel{6}}}{\underset{1}{\cancel{5}}} \times \frac{7}{\underset{1}{\cancel{6}}} = \frac{7}{2} = 3\frac{1}{2}$$

8 러시아를 뺀 나머지 땅의 넓이는 지구 전체 땅의 넓이의 $1-\dfrac{3}{25} = \dfrac{22}{25}$ 입니다.

따라서 캐나다의 땅의 넓이는 지구 전체 땅의 넓이의

$$\frac{\overset{11}{\cancel{22}}}{25} \times \frac{3}{\underset{20}{\cancel{40}}} = \frac{33}{500} \text{입니다.}$$

정답과 풀이 Review Book

복습 상위권 문제 확인과 응용　　　12~15쪽

1 $\dfrac{4}{63}$　　　　　　**2** $9\dfrac{5}{8}$ cm²

3 $\dfrac{9}{25}$　　　　　　**4** 55

5 $70\dfrac{2}{3}$ cm　　　　**6** 오후 2시 33분 45초

7 $14\dfrac{1}{3}$　　　　　　**8** $\dfrac{27}{32}$

9 1771 m　　　　　**10** 120개

11 $826\dfrac{1}{2}$ g　　　　**12** $\dfrac{1}{32}$ m²

---

1 진분수는 분모가 클수록, 분자가 작을수록 작은 수가 됩니다.

$$\Rightarrow \frac{\overset{1}{\cancel{2}}\times\overset{1}{\cancel{3}}\times 4}{\underset{\underset{1}{\cancel{3}}}{\cancel{6}}\times 7\times 9}=\frac{4}{63}$$

2 주어진 도형은 밑변이 $2\dfrac{1}{3}+1\dfrac{1}{3}=3\dfrac{2}{3}$ (cm)이고,

높이가 $2\dfrac{5}{8}$ cm인 삼각형 두 개로 나눌 수 있습니다.

$$\Rightarrow\left(3\dfrac{2}{3}\times 2\dfrac{5}{8}\div 2\right)\times 2$$

$$=\left(\frac{11}{\underset{1}{\cancel{3}}}\times\frac{\overset{7}{\cancel{21}}}{8}\div 2\right)\times 2=\frac{77}{8}=9\frac{5}{8}\,(\text{cm}^2)$$

3 어떤 수를 □라 하면 $□-\dfrac{2}{5}=\dfrac{1}{2}$이므로

$□=\dfrac{1}{2}+\dfrac{2}{5}=\dfrac{5}{10}+\dfrac{4}{10}=\dfrac{9}{10}$입니다.

따라서 바르게 계산하면 $\dfrac{9}{\underset{5}{\cancel{10}}}\times\dfrac{\overset{1}{\cancel{2}}}{5}=\dfrac{9}{25}$입니다.

4 $\dfrac{\overset{1}{\cancel{7}}}{\underset{11}{\cancel{22}}}\times\dfrac{\overset{8}{\cancel{16}}}{\underset{5}{\cancel{35}}}\times□=\dfrac{8}{55}\times□$

$\dfrac{8}{55}\times□$가 자연수가 되려면 약분하여 분모가 1이 되어야 합니다.

따라서 □ 안에 들어갈 수 있는 가장 작은 자연수는 55입니다.

5 ・(색 테이프 24장의 길이의 합)

$$=3\frac{7}{12}\times 24=\frac{43}{\underset{1}{\cancel{12}}}\times\overset{2}{\cancel{24}}=86\,(\text{cm})$$

・(겹쳐진 부분)=24-1=23(군데)

・(겹쳐진 부분의 길이의 합)

$$=\frac{2}{3}\times 23=\frac{46}{3}=15\frac{1}{3}\,(\text{cm})$$

$\Rightarrow$ (이어 붙인 색 테이프 전체의 길이)

$$=86-15\frac{1}{3}=70\frac{2}{3}\,(\text{cm})$$

6 3주일은 21일이므로 경수의 시계가 3주일 동안 느려지는 시간은

$$1\frac{1}{4}\times 21=\frac{5}{4}\times 21=\frac{105}{4}=26\frac{1}{4}\,(\text{분})입니다.$$

따라서 $26\dfrac{1}{4}$분$=26\dfrac{15}{60}$분=26분 15초이므로

3주일 후 오후 3시에 경수의 시계가 가리키는 시각은 오후 3시-26분 15초=오후 2시 33분 45초입니다.

7 $\left(1\dfrac{3}{5}$과 $3\dfrac{1}{2}$ 사이의 거리$\right)$

$$=3\frac{1}{2}-1\frac{3}{5}=3\frac{5}{10}-1\frac{6}{10}$$

$$=2\frac{15}{10}-1\frac{6}{10}=1\frac{9}{10}$$

$1\dfrac{3}{5}$과 ㉠ 사이의 거리는 $1\dfrac{3}{5}$과 $3\dfrac{1}{2}$ 사이의 거리를 6등분 한 것 중의 4이므로

$$1\frac{9}{10}\times\frac{4}{6}=\frac{19}{\underset{5}{\cancel{10}}}\times\frac{\overset{2}{\cancel{4}}}{\underset{3}{\cancel{6}}}=\frac{19}{15}=1\frac{4}{15}이고,$$

㉠에 알맞은 수는

$$1\frac{3}{5}+1\frac{4}{15}=1\frac{9}{15}+1\frac{4}{15}=2\frac{13}{15}입니다.$$

$$\Rightarrow ㉠\times 5=2\frac{13}{15}\times 5=\frac{43}{\underset{3}{\cancel{15}}}\times\overset{1}{\cancel{5}}=\frac{43}{3}=14\frac{1}{3}$$

8 처음 정사각형의 한 변의 길이를 □라 하면
처음 정사각형의 넓이는 □×□입니다.

만든 직사각형의 가로는 $□×\left(1-\dfrac{1}{4}\right)$이고, 세로는

$□×\left(1+\dfrac{1}{8}\right)$이므로 만든 직사각형의 넓이는

$\left(□×\dfrac{3}{4}\right)×\left(□×\dfrac{9}{8}\right)=□×□×\dfrac{3}{4}×\dfrac{9}{8}$

$=\underline{□×□}×\dfrac{27}{32}$입니다.
　　　└● 처음 정사각형의 넓이

따라서 만든 직사각형의 넓이는 처음 정사각형의 넓이의 $\dfrac{27}{32}$입니다.

9 트럭이 1분 동안 달리는 거리는 트럭의 길이와 터널의 길이를 더하면 되므로 $4+640=644$(m)입니다.

2분 45초$=2\dfrac{45}{60}$분$=2\dfrac{3}{4}$분입니다.

따라서 트럭이 2분 45초 동안 달리면

$644×2\dfrac{3}{4}=\overset{161}{644}×\dfrac{11}{\underset{1}{4}}=1771$(m)를 갈 수 있습니다.

10 주리와 재형이가 가지고 있는 구슬을 그림으로 나타내면 다음과 같습니다.

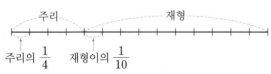

⇨ (재형이가 가지고 있는 구슬)

$=168×\dfrac{10}{4+10}=\overset{12}{168}×\dfrac{10}{\underset{1}{14}}=120$(개)

11 왼쪽 양팔 저울에서 양파 6개의 무게와 감자 2개의 무게가 같으므로 감자 1개의 무게는 양파 3개의 무게와 같습니다.

오른쪽 양팔 저울에서 단호박 1개의 무게는
양파 $3×3+2=11$(개)의 무게와 같으므로

$150\dfrac{3}{11}×11=\dfrac{1653}{\underset{1}{11}}×\overset{1}{11}=1653$(g)입니다.

⇨ (단호박 절반의 무게)

$=1653×\dfrac{1}{2}=\dfrac{1653}{2}=826\dfrac{1}{2}$(g)

12 A 규격 종이의 규칙을 찾아보면 A1, A2, A3······
의 순서로 바로 앞의 종이 넓이의 $\dfrac{1}{2}$이 다음 종이의 넓이가 되는 규칙이 있습니다.

(A1 종이의 넓이)$=1×\dfrac{1}{2}=\dfrac{1}{2}$(m²)

(A2 종이의 넓이)$=1×\dfrac{1}{2}×\dfrac{1}{2}=\dfrac{1}{4}$(m²)

(A3 종이의 넓이)$=1×\dfrac{1}{2}×\dfrac{1}{2}×\dfrac{1}{2}=\dfrac{1}{8}$(m²)

(A4 종이의 넓이)
$=1×\dfrac{1}{2}×\dfrac{1}{2}×\dfrac{1}{2}×\dfrac{1}{2}=\dfrac{1}{16}$(m²)

⇨ (A5 종이의 넓이)
$=1×\dfrac{1}{2}×\dfrac{1}{2}×\dfrac{1}{2}×\dfrac{1}{2}×\dfrac{1}{2}=\dfrac{1}{32}$(m²)

복습 | 최상위권 문제　　　　　**16~17쪽**

1 96	**2** 20000원
3 $\dfrac{1}{361}$	**4** $18\dfrac{2}{3}$
5 $\dfrac{5}{8}$ cm²	**6** $\dfrac{17}{56}$

1 $9\dfrac{3}{8}♥6=9\dfrac{3}{8}×\dfrac{2}{5}+\left(9\dfrac{3}{8}+6\right)×6$

$=\dfrac{\overset{15}{75}}{\underset{4}{8}}×\dfrac{\overset{1}{2}}{\underset{1}{5}}+\dfrac{123}{\underset{4}{8}}×\overset{3}{6}$

$=\dfrac{15}{4}+\dfrac{369}{4}=\dfrac{384}{4}=96$

2 할머니께서 주신 용돈을 □원이라 하면

$□=\left(□×\dfrac{7}{10}-500\right)+\left(□×\dfrac{1}{4}+1500\right)$,

$□=\left(□×\dfrac{14}{20}-500\right)+\left(□×\dfrac{5}{20}+1500\right)$,

$□=□×\dfrac{19}{20}+1000$, $□×\dfrac{1}{20}=1000$,

$□=1000×20=20000$입니다.

따라서 할머니께서 주신 용돈은 모두 20000원입니다.

3 분수를 늘어놓은 규칙을 찾아 90번째 분수를 구한 다음 약분이 되는 규칙을 찾아봅니다.

분자는 1부터 시작하여 4씩 커지는 규칙이고, 분모는 5부터 시작하여 4씩 커지는 규칙입니다.
따라서 90번째 분수의 분자는 $1+4\times89=357$이고,
분모는 $5+4\times89=361$이므로

90번째 분수는 $\dfrac{357}{361}$입니다.

$$\Rightarrow \dfrac{1}{\underset{1}{5}} \times \dfrac{\overset{1}{5}}{\underset{1}{9}} \times \dfrac{\overset{1}{9}}{\underset{1}{13}} \times \dfrac{\overset{1}{13}}{\underset{1}{17}} \times \dfrac{\overset{1}{17}}{\underset{1}{21}} \times$$

$$\cdots\cdots \times \dfrac{\overset{1}{357}}{361} = \dfrac{1}{361}$$

4 $10\dfrac{1}{2}=\dfrac{21}{2}$, $2\dfrac{1}{7}=\dfrac{15}{7}$, $4\dfrac{7}{8}=\dfrac{39}{8}$이므로 구하는 분수의 분자는 2, 7, 8의 최소공배수이고, 분모는 21, 15, 39의 최대공약수입니다.

$$\begin{array}{r|ll} 1) & 2 & 7 \\ \hline & 2 & 7 \end{array} \rightarrow \text{최소공배수}: 1\times2\times7=14$$

$$\begin{array}{r|ll} 2) & 14 & 8 \\ \hline & 7 & 4 \end{array} \rightarrow \text{최소공배수}: 2\times7\times4=56$$

$\Rightarrow$ 2, 7, 8의 최소공배수: 56

$$\begin{array}{r|ll} 3) & 21 & 15 \\ \hline & 7 & 5 \end{array} \rightarrow \text{최대공약수}: 3$$

$$\begin{array}{r|ll} 3) & 3 & 39 \\ \hline & 1 & 13 \end{array} \rightarrow \text{최대공약수}: 3$$

$\Rightarrow$ 21, 15, 39의 최대공약수: 3

따라서 기약분수 중에서 가장 작은 분수는 분자가 56이고, 분모가 3이므로 $\dfrac{56}{3}=18\dfrac{2}{3}$입니다.

5 직사각형의 각 변의 한가운데 점을 이어 만든 마름모의 넓이는 처음 직사각형의 넓이의 $\dfrac{1}{2}$입니다.

(가장 큰 직사각형의 넓이)
$$=2\dfrac{2}{3}\times1\dfrac{1}{4}=\dfrac{\overset{2}{8}}{3}\times\dfrac{5}{\underset{1}{4}}=\dfrac{10}{3}=3\dfrac{1}{3}\,(\text{cm}^2)$$

(㉠의 넓이)$=3\dfrac{1}{3}\times\dfrac{1}{8}=\dfrac{\overset{5}{10}}{3}\times\dfrac{1}{\underset{4}{8}}=\dfrac{5}{12}\,(\text{cm}^2)$

(㉡의 넓이)$=3\dfrac{1}{3}\times\dfrac{1}{2}\times\dfrac{1}{2}\times\dfrac{1}{2}\times\dfrac{1}{2}$

$$=\dfrac{\overset{5}{10}}{3}\times\dfrac{1}{\underset{1}{2}}\times\dfrac{1}{2}\times\dfrac{1}{2}\times\dfrac{1}{2}$$

$$=\dfrac{5}{24}\,(\text{cm}^2)$$

$\Rightarrow$ (색칠한 부분의 넓이)
$=$(㉠의 넓이)$+$(㉡의 넓이)
$$=\dfrac{5}{12}+\dfrac{5}{24}=\dfrac{10}{24}+\dfrac{5}{24}=\dfrac{15}{24}=\dfrac{5}{8}\,(\text{cm}^2)$$

6 어떤 일을 하는 데 ▧시간이 걸리면 1시간 동안 하는 일의 양은 전체 일의 양의 $\dfrac{1}{▧}$입니다.

수정이가 1시간 동안 하는 일의 양은 전체 일의 양의 $\dfrac{1}{8}$이고, 민서가 1시간 동안 하는 일의 양은 전체 일의 양의 $\dfrac{1}{7}$이므로 두 사람이 함께 1시간 동안 하는 일의 양은 전체 일의 양의

$\dfrac{1}{8}+\dfrac{1}{7}=\dfrac{7}{56}+\dfrac{8}{56}=\dfrac{15}{56}$입니다.

따라서 두 사람이 함께

2시간 36분$=2\dfrac{36}{60}$시간$=2\dfrac{3}{5}$시간 동안 한 일의

양은 전체 일의 양의

$$\dfrac{15}{56}\times2\dfrac{3}{5}=\dfrac{15}{56}\times\dfrac{13}{\underset{1}{5}}=\dfrac{39}{56}$$이므로 남은

일의 양은 전체 일의 양의 $1-\dfrac{39}{56}=\dfrac{17}{56}$입니다.

③ 합동과 대칭

복습 상위권 문제　　　　　18~19쪽

1 9 cm	**2** 55°
3 3쌍	**4** 52 cm
5 40°	**6** 25 cm²

1 서로 합동인 두 삼각형에서 대응변의 길이가 서로
같으므로 (변 ㄴㄷ)=(변 ㄷㄹ)=17 cm,
(변 ㅁㄷ)=(변 ㄱㄴ)=8 cm입니다.
 ⇨ (선분 ㄴㅁ)=(변 ㄴㄷ)−(변 ㅁㄷ)
　　　　　　 =17−8=9(cm)

2 (각 ㄱㄹㄷ)=180°−55°=125°이고, 각 ㄹㄱㄴ의
대응각은 각 ㄱㄹㄷ이므로 (각 ㄹㄱㄴ)=125°입니다.
따라서 사각형 ㄱㄴㅂㄹ에서
(각 ㄱㄴㅂ)=360°−125°−90°−90°=55°입니다.

3 • 작은 도형 1개로 이루어진 서로 합동인 삼각형:
　삼각형 ㄱㄹㅂ과 삼각형 ㄷㅁㅂ ⇨ 1쌍
• 작은 도형 2개로 이루어진 서로 합동인 삼각형:
　삼각형 ㄱㄴㅁ과 삼각형 ㄷㄴㄹ, 삼각형 ㄱㄹㄷ과
　삼각형 ㄷㅁㄱ ⇨ 2쌍
따라서 서로 합동인 삼각형은 모두 1+2=3(쌍)입
니다.

4 점대칭도형에서 (선분 ㅂㅇ)=(선분 ㄷㅇ)=6 cm이
므로 (선분 ㄷㅂ)=6+6=12(cm)입니다.
(변 ㄱㄴ)=(변 ㄹㅁ)=13 cm
(변 ㄱㅂ)=(변 ㄹㄷ)=8 cm
(변 ㄴㄷ)=(변 ㅁㅂ)=(선분 ㄷㅁ)−(선분 ㄷㅂ)
　　　　　　　　 =17−12=5(cm)
 ⇨ (점대칭도형의 둘레)
　　 =13+5+8+13+5+8=52(cm)

5 삼각형 ㄱㅁㅂ과 삼각형 ㄹㅁㅂ은 서로 합동이므로
(각 ㄱㅂㅁ)=(각 ㄹㅂㅁ)=(180°−80°)÷2=50°
입니다.
삼각형 ㄱㅁㅂ에서
(각 ㄱㅁㅂ)=180°−60°−50°=70°입니다.
따라서 (각 ㄹㅁㅂ)=(각 ㄱㅁㅂ)=70°이므로
(각 ㄴㅁㄹ)=180°−(각 ㄱㅁㅂ)−(각 ㄹㅁㅂ)
　　　　　　 =180°−70°−70°=40°입니다.

6 ㉠를 삼각형 ㄱㄴㄷ이라 할
때 선분 ㄱㄷ을 대칭축으로 하
는 선대칭도형을 그려 보면 오
른쪽과 같습니다.
변 ㄱㄴ과 변 ㄱㄹ의 길이가

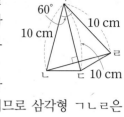

서로 같고 각 ㄴㄱㄹ이 60°이므로 삼각형 ㄱㄴㄹ은
정삼각형이고 (변 ㄴㄹ)=10 cm입니다.
삼각형 ㄱㄴㄷ에서 변 ㄱㄷ을 밑변으로 하면 높이는
변 ㄴㄹ의 $\frac{1}{2}$이므로 5 cm입니다.
 ⇨ (삼각형 ㄱㄴㄷ의 넓이)=10×5÷2=25(cm²)

복습 상위권 문제 확인과 응용　　　20~23쪽

1 9 cm	**2** 63 cm
3 47°	**4** 25°
5 64 cm²	**6** 184 cm²
7 6쌍	**8** 25°
9 6 cm	**10** 216 cm²
11 70°	**12** 5번

1 선대칭도형에서 대응변의 길이가 서로 같으므로
(변 ㄱㄴ)=(변 ㄹㄷ)이고,
(선분 ㄱㅁ)=(선분 ㄹㅁ)=7 cm입니다.
(변 ㄱㄹ)=7+7=14(cm)이고,
(변 ㄱㄹ)=(변 ㄴㄷ)입니다.
 ⇨ (변 ㄱㄴ)+(변 ㄹㄷ)=46−14−14=18(cm)
　　 이므로 (변 ㄱㄴ)=18÷2=9(cm)입니다.

2 가장 작은 정삼각형의 한 변의 길이를 □ cm라 하
면 색칠한 부분의 둘레는 가장 작은 정삼각형의 한
변의 길이의 5배이므로 □×5=35, □=7입니다.
따라서 가장 큰 정삼각형의 둘레는 가장 작은 정삼
각형의 한 변의 길이의 9배이므로 7×9=63(cm)
입니다.

3 (선분 ㅇㄹ)=(선분 ㅇㄷ)이므로 삼각형 ㄷㅇㄹ은 이
등변삼각형입니다.
점대칭도형에서 대응각의 크기는 서로 같으므로
(각 ㄹㅇㄷ)=(각 ㄴㅇㄱ)=86°입니다.
 ⇨ (각 ㅇㄹㄷ)=(각 ㅇㄷㄹ)
　　　　　　 =(180°−86°)÷2=94°÷2=47°

4 삼각형 ㄱㄷㄴ과 삼각형 ㄹㄷㄴ이 서로 합동이므로
(각 ㄹㄷㄴ)=(각 ㄱㄷㄴ)=130°이고,
(각 ㄱㄷㄴ)=130°−105°=25°입니다.
삼각형 ㄱㄷㄴ에서
(각 ㄷㄱㄴ)=180°−130°−25°=25°입니다.
따라서 대응각의 크기가 서로 같으므로
(각 ㄴㄹㄷ)=(각 ㄷㄱㄴ)=25°입니다.

5 (각 ㄱㄴㄷ)=180°−90°−45°=45°이므로 삼각
형 ㄱㄴㄷ은 이등변삼각형이고,
(선분 ㄱㄷ)=(선분 ㄱㄴ)=8 cm입니다.
(삼각형 ㄱㄴㄷ의 넓이)=8×8÷2=32(cm²)
⇨ (완성한 선대칭도형의 넓이)=32×2=64(cm²)

6 완성한 점대칭도형은 다음과 같습니다.

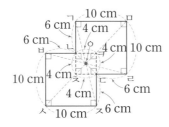

⇨ (완성한 점대칭도형의 넓이)
=(정사각형 ㄱㅊㄹㅁ의 넓이)×2
−(정사각형 ㄴㅊㄷㅋ의 넓이)
=10×10×2−4×4=200−16=184(cm²)

7

• 작은 도형 1개로 이루어진 서로 합동인 도형:
(①, ③), (②, ④) ⇨ 2쌍
• 작은 도형 2개로 이루어진 서로 합동인 도형:
(①+②, ③+④), (②+③, ④+①) ⇨ 2쌍
• 작은 도형 3개로 이루어진 서로 합동인 도형:
(①+②+③, ③+④+①),
(②+③+④, ④+①+②) ⇨ 2쌍
따라서 서로 합동인 도형은 모두 2+2+2=6(쌍)
입니다.

8 삼각형 ㄱㄴㄹ은 선대칭도형이므로
(각 ㄴㄱㅁ)=(각 ㄴㄹㅁ)=65°입니다.
삼각형 ㄱㄴㄹ에서
(각 ㄱㄴㄹ)=180°−65°−65°=50°이므로
(각 ㄹㄴㅁ)=50°÷2=25°입니다.
따라서 사각형 ㅁㄴㄷㄹ은 선대칭도형이므로
(각 ㄹㄴㄷ)=(각 ㄹㄴㅁ)=25°입니다.

9 점대칭도형에서 대응변의 길이는 서로 같으므로
(변 ㄹㅁ)=(변 ㅈㄱ)=11 cm,
(변 ㅅㅈ)=(변 ㄷㄹ)=7 cm입니다.
대칭의 중심은 대응점끼리 이은 선분을 둘로 똑같이
나누므로 (선분 ㄴㅂ)=2+2=4(cm)이고,
(변 ㅂㅅ)=8−4=4(cm),
(변 ㄴㄷ)=(변 ㅂㅅ)=4 cm입니다.
변 ㄱㄴ의 길이를 □ cm라 하면
(변 ㅁㅂ)=(변 ㄱㄴ)=□ cm이므로
□+4+7+11+□+4+7+11=56,
□+□+44=56, □×2=12, □=6입니다.

10 삼각형 ㄱㄴㄹ과 삼각형 ㄷㄹㄴ이 서로 합동이고
삼각형 ㅁㄹㄴ과 삼각형 ㄷㄹㄴ이 서로 합동이므로
삼각형 ㄱㄴㄹ과 삼각형 ㅁㄹㄴ이 서로 합동이고
삼각형 ㄱㄴㅂ과 삼각형 ㅁㄹㅂ이 서로 합동입니다.
(변 ㄱㄴ)=(변 ㅁㄹ)=12 cm,
(변 ㄱㅂ)=(변 ㅁㅂ)=5 cm,
(변 ㄱㄹ)=5+13=18(cm)
⇨ (처음 종이의 넓이)=(직사각형 ㄱㄴㄷㄹ의 넓이)
=18×12=216(cm²)

11 삼각형 ㄱㄴㄷ에서
(각 ㄴㄱㄷ)=180°−40°−40°=100°이므로
(각 ㄹㄱㅇ)=100°−30°=70°입니다.
삼각형 ㄱㄴㄷ과 삼각형 ㄱㄹㅁ은 합동이므로
(각 ㄱㄹㅁ)=(각 ㄱㄴㄷ)=40°입니다.
따라서 삼각형 ㄱㄹㅇ에서
(각 ㄱㅇㄹ)=180°−70°−40°=70°입니다.

12 0부터 9까지의 수를 거울에 비췄을 때 각각 숫자
0은 0, 숫자 2는 5, 숫자 5는 2, 숫자 8은 8로 보
입니다.
0, 2, 5, 8을 사용하여 거울에 비췄을 때 실제 시
각과 같은 시각은 하루 동안 00:00, 02:50,
05:20, 20:05, 22:55으로 모두 5번 있습
니다.

복습 최상위권 문제   24~25쪽

1 104°	**2** 30°
3 184 cm²	**4** 75 cm
5 135 cm²	**6** 36°

1

삼각형 ㄱㄴㄷ과 삼각형 ㅂㄱㄴ은 이등변삼각형입니다.

삼각형 ㄱㄴㄷ과 삼각형 ㅂㄱㄴ은 이등변삼각형이므로 (각 ㅂㄱㅁ)=(각 ㅂㄴㅁ)=□°라 하면
(각 ㄹㄱㄴ)=(각 ㄹㄷㄴ)=□°+12°이고,
삼각형 ㄱㄴㄷ에서
(□°+12°)+□°+(□°+12°)=180°,
□°+□°+□°+24°=180°, □°×3=156°,
□°=52°입니다.
따라서 (각 ㄹㄷㄴ)=(각 ㄹㄱㄴ)=52°+12°=64°
이므로 삼각형 ㄱㅂㄷ에서
(각 ㄱㅂㄷ)=180°−12°−64°=104°입니다.

2 (변 ㅅㄴ)=(변 ㅅㄷ)=(변 ㄴㄷ)이므로
삼각형 ㅅㄴㄷ은 정삼각형입니다.
(각 ㅅㄴㄷ)=60°이므로
(각 ㄱㄴㅁ)=(90°−60°)÷2=30°÷2=15°입니다.
따라서 (각 ㄴㅁㄱ)=180°−15°−90°=75°이고,
(각 ㄴㅁㅅ)=(각 ㄴㅁㄱ)=75°이므로
(각 ㅅㅁㅂ)=180°−75°−75°=30°입니다.

3

평행사변형 ㄱㄷㅂㄹ의 밑변의 길이와 높이는 각각 직사각형 ㄱㄴㅁㄹ의 가로와 세로와 같으므로 넓이도 같습니다.

삼각형 ㄱㄴㄷ에서
(각 ㄱㄷㄴ)=180°−45°−90°=45°이고,
삼각형 ㅅㅁㄷ에서
(각 ㅁㅅㄷ)=180°−45°−90°=45°이므로 삼각형 ㅅㅁㄷ은 이등변삼각형입니다.
(선분 ㅁㄷ)=(선분 ㅅㅁ)=15 cm이고,
(변 ㅁㅂ)=15+8=23(cm)이므로
(변 ㄹㅁ)=(변 ㅂㅁ)=23 cm입니다.
▷ 직사각형 ㄱㄴㅁㄹ의 넓이는 평행사변형 ㄱㄷㅂㄹ의 넓이와 같으므로 8×23=184(cm²)입니다.

4

선분 ㄱㄷ을 그어 삼각형 ㄱㄴㄷ과 삼각형 ㄱㄷㄹ로 나누어 여러 각의 크기를 구합니다.

선대칭도형을 완성하면 다음과 같습니다.

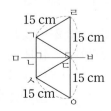

사각형 ㄱㄴㄷㄹ에서
(각 ㄴㄱㄹ)=(각 ㄱㄹㄷ)×2이므로
(각 ㄴㄱㄹ)+(각 ㄱㄹㄷ)+90°+90°=360°,
(각 ㄱㄹㄷ)×2+(각 ㄱㄹㄷ)=180°,
(각 ㄱㄹㄷ)×3=180°, (각 ㄱㄹㄷ)=60°,
(각 ㄴㄱㄹ)=120°입니다.
선분 ㄱㄷ을 그으면 삼각형 ㄱㄹㄷ은 이등변삼각형이므로
(각 ㄹㄱㄷ)=(각 ㄹㄷㄱ)=(180°−60°)÷2=60°
입니다. 따라서 삼각형 ㄱㄹㄷ은 정삼각형입니다.
(각 ㄷㄱㄴ)=(각 ㄷㅅㄴ)=120°−60°=60°,
(각 ㄱㄷㅅ)=180°−60°−60°=60°이므로 삼각형 ㄱㄷㅅ은 한 변의 길이가 15 cm인 정삼각형입니다.
▷ (완성한 선대칭도형의 둘레)=15×5=75(cm)

5 대칭의 중심은 대응점끼리 이은 선분을 둘로 똑같이 나누므로
(변 ㄱㅁ)=(변 ㄷㅂ)=(선분 ㅂㅇ)=(선분 ㅁㅇ)입니다.
선분 ㅁㄷ의 길이는 선분 ㄱㄷ을 똑같이 4로 나눈 것 중의 3이므로 선분 ㄱㄷ의 길이의 $\frac{3}{4}$이고,
삼각형 ㅁㄴㄷ의 밑변을 변 ㅁㄷ이라 하고 삼각형 ㄱㄴㄷ의 밑변을 변 ㄱㄷ이라 할 때 두 삼각형의 높이가 같으므로
(삼각형 ㅁㄴㄷ의 넓이)=(삼각형 ㄱㄴㄷ의 넓이)×$\frac{3}{4}$
입니다.
▷ (색칠한 부분의 넓이)
$=(24×15÷2)×\frac{3}{4}=180×\frac{3}{4}=135(cm^2)$

6 오른쪽과 같이 평행선 다, 라를 각각 그으면
ⓜ+ⓞ+90°+90°=360°,
ⓜ+ⓞ=180°이고
ⓖ+ⓞ=180°이므로
ⓖ=ⓜ입니다.
선대칭도형에서 대응각의 크기가 서로 같으므로 직선 가를 대칭축으로 하여 도형을 접으면 ⓛ=ⓖ, ⓒ=ⓢ이고 직선 나를 대칭축으로 하여 도형을 접으면 ⓒ=ⓖ, ⓔ=ⓢ, ⓜ=ⓗ입니다.
따라서 ⓖ=ⓛ=ⓒ=ⓔ=ⓢ=ⓜ=ⓗ이고
삼각형 ㄱㄴㄷ에서
ⓛ+ⓔ+ⓜ+ⓗ+ⓢ=180°, ⓛ×5=180°,
ⓛ=36°이므로 ⓖ=36°입니다.

④ 소수의 곱셈

복습 상위권 문제 　26~27쪽

1 33.93	**2** 70.88 cm²
3 7, 8, 9, 10	**4** 9.975 L
5 298.224	**6** 6.144 m
7 9	**8** 65 cm

1 어떤 수를 □라 하면 잘못 계산한 식은
□+7.25=11.93입니다.
⇨ □=11.93−7.25=4.68
따라서 어떤 수는 4.68이므로 바르게 계산하면
4.68×7.25=33.93입니다.

2 ・(큰 직사각형의 넓이)=15.2×6.4=97.28(cm²)
・(작은 직사각형의 넓이)=8.25×3.2=26.4(cm²)
⇨ (도형의 넓이)=97.28−26.4=70.88(cm²)

3 0.85×8=6.8, 2.06×5=10.3
따라서 6.8<□<10.3에서 □ 안에 들어갈 수 있는
자연수는 7, 8, 9, 10입니다.

4 1시간 30분=$1\frac{30}{60}$시간=$1\frac{5}{10}$시간=1.5시간
(1시간 30분 동안 달린 거리)
=95×1.5=142.5(km)
⇨ (사용한 휘발유의 양)
=0.07×142.5=9.975(L)

5 만들 수 있는 가장 큰 소수 두 자리 수는 6.54, 가장
작은 소수 한 자리 수는 45.6입니다.
⇨ 6.54×45.6=298.224

6 ・(첫째로 튀어 오른 높이)=12×0.8=9.6(m)
・(둘째로 튀어 오른 높이)=9.6×0.8=7.68(m)
⇨ (셋째로 튀어 오른 높이)=7.68×0.8=6.144(m)

7 0.7을 50번 곱하면 곱은 소수 50자리 수가 되므로
소수 50째 자리 숫자는 소수점 아래 끝자리 숫자입
니다. 0.7을 계속 곱하면 소수점 아래 끝자리 숫자는
7, 9, 3, 1이 반복됩니다.
따라서 50÷4=12⋯2이므로 곱의 소수 50째 자리
숫자는 7, 9, 3, 1 중 둘째 숫자인 9입니다.

8  한 변의 길이가 6.5 cm인 변이 10개이
므로 무늬의 둘레에 사용할 노란 띠는
6.5×10=65(cm)입니다.

복습 상위권 문제 확인과 응용 　28~31쪽

1 1000배	**2** 17장
3 0.2006	**4** 400470원
5 119.2 cm	**6** 612명
7 15.48 km	**8** 16.0216
9 121.77 cm²	**10** 1.236 m
11 1억 6500만 km	**12** 12.5 ℃

1 ・㉠=10　・㉡=0.01
⇨ ㉠은 ㉡의 1000배입니다.

2 5 kg=5000 g이므로 쌀 5 kg의 가격은
3.38×5000=16900(원)입니다.
따라서 1000원짜리 지폐가 최소 17장 있어야
쌀 5 kg을 살 수 있습니다.

3 어떤 수를 □라 하면 2030×□=2.03이고,
2.03은 2030의 소수점이 왼쪽으로 3칸 옮겨진 것이
므로 □=0.001입니다.
⇨ 200.6×0.001=0.2006

4 우리나라 돈을 미국 돈 1달러로 바꾸려면
1124.5+19.7=1144.2(원)이 필요합니다.
⇨ (미국 돈 350달러로 바꿀 때 필요한 우리나라 돈)
=1144.2×350=400470(원)

5 (직사각형의 둘레)=(4.9+7.02)×2=23.84(cm)
⇨ (정오각형의 둘레)=23.84×5=119.2(cm)

6 ・(남학생 수)=1600×0.51=816(명)
・(강아지를 키우는 남학생 수)
=816×0.25=204(명)
⇨ (강아지를 키우지 않는 남학생 수)
=816−204=612(명)

7 1시간 48분=$1\frac{48}{60}$시간=$1\frac{8}{10}$시간=1.8시간
・(정재가 1시간 48분 동안 걸은 거리)
=4.1×1.8=7.38(km)
・(슬기가 1시간 48분 동안 걸은 거리)
=4.5×1.8=8.1(km)
⇨ (도로의 길이)=7.38+8.1=15.48(km)

8 3.2♥12.4=3.2×3.2−12.4×0.5=4.04
⇨ (3.2♥12.4)♥0.6=4.04♥0.6
=4.04×4.04−0.6×0.5
=16.0216

9 잘라 내고 남은 부분을 모으면 직사각형 모양이 됩니다.
- (가로)=24.5－1.5－2.5=20.5(cm)
- (세로)=8.4－2.46=5.94(cm)
⇨ (남은 부분의 넓이)
=20.5×5.94=121.77(cm²)

10 • (첫째로 튀어 오른 높이)=3.5×0.6=2.1(m)
- (둘째로 튀어 오른 높이)
=(2.1+0.5)×0.6=2.6×0.6=1.56(m)
⇨ (셋째로 튀어 오른 높이)
=(1.56+0.5)×0.6=2.06×0.6=1.236(m)

11 • (태양에서 수성까지의 거리)
=1억 5000만×0.4=6000만(km)
- (태양에서 화성까지의 거리)
=1억 5000만×1.5=2억 2500만(km)
⇨ (수성에서 화성까지의 거리)
=2억 2500만－6000만=1억 6500만(km)

12 1250－300=950(m)이므로 해발 고도가 950 m 상승하면 기온은 0.6×9.5=5.7(℃) 낮아집니다.
⇨ (설악산에서 해발 고도가 1250 m인 곳의 기온)
=18.2－5.7=12.5(℃)

복습 최상위권 문제 **32~33쪽**

1 7.35	**2** 1
3 121.464 L	**4** 378.02 km
5 10.935 cm²	**6** 3분

1 비법 PLUS ㉠.㉡×㉢.㉣에서 곱이 가장 작으려면 ㉠과 ㉢에 가장 작은 수와 둘째로 작은 수를 넣어야 합니다.

곱이 가장 작게 되는 곱셈식을 만들려면 자연수 부분에 가장 작은 수 1과 둘째로 작은 수 4를 넣어야 합니다.
⇨ 1.5×4.9=7.35 또는 1.9×4.5=8.55
따라서 곱이 가장 작을 때의 곱은 7.35입니다.

2 비법 PLUS 소수 한 자리 수를 ●번 곱하면 곱은 소수 ● 자리 수가 됩니다.

$$0.9=0.\underline{9}$$
$$0.9×0.9=0.8\underline{1}$$
$$0.9×0.9×0.9=0.72\underline{9}$$
$$0.9×0.9×0.9×0.9=0.656\underline{1}$$
⋮

0.9를 70번 곱하면 곱은 소수 70자리 수가 되므로 소수 70째 자리 숫자는 소수점 아래 끝자리 숫자입니다. 0.9를 계속 곱하면 소수점 아래 끝자리 숫자는 9, 1이 반복됩니다.
따라서 70÷2=35이므로 곱의 소수 70째 자리 숫자는 9, 1 중 둘째 숫자인 1입니다.

3 (1분 동안 두 수도꼭지를 동시에 틀어 통에 받을 수 있는 물의 양)=13.5－1.14=12.36(L)
7분 24초=7$\frac{24}{60}$분=7$\frac{4}{10}$분=7.4분
⇨ (7분 24초 후에 통에 담겨 있는 물의 양)
=30+12.36×7.4
=30+91.464=121.464(L)

4 비법 PLUS 같은 장소에서 출발하여 서로 반대 방향으로 달린 두 자동차 사이의 거리는 두 자동차가 달린 거리의 합과 같습니다.

- (㉯ 자동차가 한 시간 동안 달리는 거리)
=36.2×3=108.6(km)
- (1시간 동안 달린 두 자동차 사이의 거리)
=75.8+108.6=184.4(km)
2시간 3분=2$\frac{3}{60}$시간=2$\frac{1}{20}$시간=2$\frac{5}{100}$시간
=2.05시간
⇨ (2시간 3분 동안 달린 두 자동차 사이의 거리)
=184.4×2.05=378.02(km)

5 직사각형에서 대각선을 그었을 때 나누어진 두 삼각형의 넓이는 같으므로 색칠한 부분의 넓이는 직사각형 ㄱㅂㅈㅁ의 넓이와 같습니다.

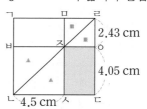

⇨ (색칠한 부분의 넓이)=4.5×2.43=10.935(cm²)

6 1분 27초=1$\frac{27}{60}$분=1$\frac{9}{20}$분=1$\frac{45}{100}$분=1.45분
코끼리 열차의 길이를 □ m라 하면
60+□=56×1.45, 60+□=81.2, □=21.2
입니다.
⇨ (터널을 완전히 통과하는 데 걸리는 시간)
=(146.8+21.2)÷56=168÷56=3(분)

⑤ 직육면체

1 5   **2** 118 cm

3 14 cm

4

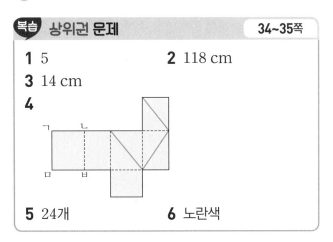

5 24개   **6** 노란색

1 직육면체에는 길이가 10 cm, ㉠ cm, 9 cm인 모서리가 각각 4개씩 있으므로 모든 모서리의 길이의 합을 구하는 식으로 나타내면 $(10+㉠+9)×4=96$입니다.
   ⇨ $(10+㉠+9)×4=96$, $10+㉠+9=24$,
       $㉠=24-10-9=5$

2 리본으로 둘러 묶은 부분에서 길이가 16 cm인 부분은 2군데, 길이가 10 cm인 부분은 2군데, 길이가 8 cm인 부분은 4군데입니다.
   ⇨ (사용한 리본의 길이)
      $=16×2+10×2+8×4+\underline{34}$ • 매듭으로 사용한
      $=32+20+32+34=118(cm)$ 리본의 길이

3 옆에서 본 모양은 다음과 같습니다.

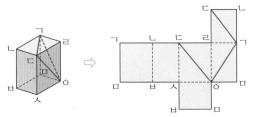

⇨ (옆에서 본 모양의 모서리의 길이의 합)
      $=(3+4)×2=14(cm)$

4

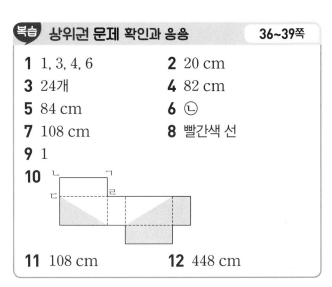

직육면체를 보고 오른쪽 전개도에 꼭짓점의 기호를 쓴 다음 선이 지나가는 자리인 선분 ㄱㄷ, 선분 ㄷㅇ, 선분 ㄱㅇ을 알맞게 나타냅니다.

5 두 면이 색칠된 작은 정육면체는 큰 정육면체의 모서리에 있으면서 큰 정육면체의 꼭짓점을 포함하지 않는 것이므로 큰 정육면체의 모서리 1개에는 두 면이 색칠된 작은 정육면체가 2개씩 있습니다. 따라서 정육면체의 모서리는 12개이므로 두 면이 색칠된 작은 정육면체는 모두 $2×12=24$(개)입니다.

6 세 루빅큐브를 보고 서로 다른 색을 찾아보면 검은색, 초록색, 빨간색, 노란색, 파란색, 주황색입니다. 검은색 면과 수직인 면의 색은 초록색, 빨간색, 파란색, 주황색입니다.
따라서 검은색 면과 평행한 면의 색은 검은색 면과 수직인 면을 제외한 나머지 면의 색이므로 노란색입니다.

1 1, 3, 4, 6   **2** 20 cm

3 24개   **4** 82 cm

5 84 cm   **6** ㉡

7 108 cm   **8** 빨간색 선

9 1

10

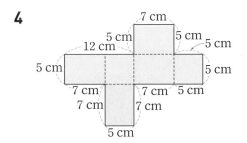

11 108 cm   **12** 448 cm

1 ㉠과 만나는 면의 눈의 수가 5이고, 5와 평행한 면의 눈의 수는 $7-5=2$입니다.
따라서 ㉠에 올 수 있는 눈의 수는 1부터 6까지의 수 중에서 2와 5를 제외한 1, 3, 4, 6입니다.

2 (직육면체 가의 모든 모서리의 길이의 합)
   $=(18+30+12)×4=240(cm)$
정육면체는 모서리가 12개이고, 그 길이가 모두 같으므로 정육면체 나의 한 모서리의 길이는
$240÷12=20(cm)$입니다.

3 정육면체 6개의 면은 모두 $6×6=36$(개)이고, 맞닿는 곳이 6군데이므로 맞닿는 면은 $2×6=12$(개)입니다.
따라서 바닥에 닿는 면을 포함한 정사각형 모양의 겉면은 모두 $36-12=24$(개)입니다.

4

(전개도의 둘레)
$=5+7+7+5+7+7+5+5+5+5+7+5+12$
$=82(cm)$

5 앞과 옆에서 본 모양을 보고 직육면체를 그려 보면 다음과 같습니다.

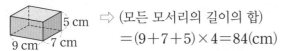

⇨ (모든 모서리의 길이의 합)
= $(9+7+5) \times 4 = 84$(cm)

6 전개도를 접었을 때 서로 평행한 면에 있는 모양을 짝 지어 보면 (♥, ♣), (★, ▲), (◆, ▶◀)입니다.
㉠은 (★, ▲)가 수직이고, ㉢은 (◆, ▶◀)가 수직이고, ㉣은 (♥, ♣)가 수직이므로 전개도를 접어서 만들 수 있는 정육면체는 ㉡입니다.

7 18과 27은 모두 9의 배수이므로 만들 수 있는 가장 큰 정육면체의 한 모서리의 길이는 9 cm입니다.

따라서 가장 큰 정육면체 한 개의 모든 모서리의 길이의 합은 $9 \times 12 = 108$(cm)입니다.

8 전개도를 그려 보면 다음과 같습니다.

 ⇨ 빨간색 선이 파란색 선보다 더 짧습니다.

9 마주 보는 면의 눈의 수의 합이 7이므로
3층 주사위의 아랫면의 눈의 수는 $7-2=5$입니다.
2층 주사위의 윗면의 눈의 수가 $9-5=4$이므로
2층 주사위의 아랫면의 눈의 수는 $7-4=3$입니다.
따라서 1층 주사위의 윗면의 눈의 수가 $9-3=6$이므로 바닥에 닿는 면의 눈의 수는 $7-6=1$입니다.

10
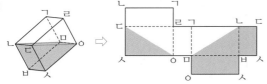
겨냥도를 보고 오른쪽 전개도에 기호를 쓴 다음 페인트가 묻은 부분을 알맞게 색칠합니다.

11 1층에 쌓은 상자는 가로로 9개, 세로로 9개이고, 8층까지 쌓았으므로 가장 작은 정육면체를 만들려면 한 모서리가 상자 9개로 이루어진 정육면체를 만들어야 합니다.
따라서 만든 정육면체의 한 모서리의 길이가 9 cm이므로 모든 모서리의 길이의 합은
$9 \times 12 = 108$(cm)입니다.

12 거울을 위와 앞에서 보았을 때 꼭 맞게 만든 직육면체 모양의 택배 상자는 세 모서리의 길이가 각각 50 cm, 50 cm, 6 cm가 되어야 합니다.
따라서 택배 상자의 겉면에 붙인 테이프는 길이가 50 cm인 부분이 8군데, 길이가 6 cm인 부분이 8군데이므로 사용한 테이프는 모두
$50 \times 8 + 6 \times 8 = 448$(cm)입니다.

복습 최상위권 문제   **40~41쪽**

1 3가지   **2** ㉤, ㉧
3 8개
4 예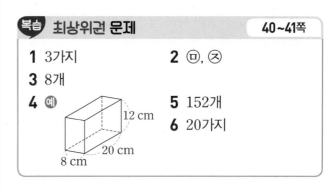
5 152개
6 20가지

1 점선 다음에만 면을 이어 붙일 수 있는 것에 주의하여 가능한 정육면체의 전개도를 그려 보면 다음과 같습니다.

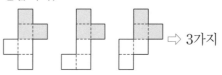 ⇨ 3가지

2 ┃비법 PLUS┃ 전개도를 2개로 나누어 정육면체를 접었을 때 서로 맞닿는 면을 찾아봅니다.

전개도를 2개로 나누어 보면 다음과 같습니다.

따라서 두 정육면체에서 서로 맞닿는 두 면은 면 ㉤과 면 ㉧입니다.

3 층별로 나누어 잘리지 않는 정육면체를 찾으면 다음과 같습니다.

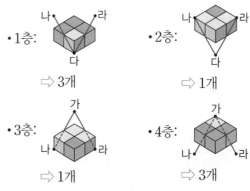

· 1층: ⇨ 3개   · 2층: ⇨ 1개
· 3층: ⇨ 1개   · 4층: ⇨ 3개

따라서 잘리지 않는 정육면체는 모두
$3+1+1+3=8$(개)입니다.

4

> 비법 PLUS 잘라 내고 남은 도화지에 점선을 그어 전개
> 도를 완성합니다.

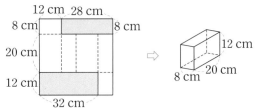

색칠한 부분을 잘라 내고 남은 도화지에 직육면체의
전개도를 그려 보면 길이가 서로 다른 세 모서리의
길이는 각각 8 cm, 20 cm, 12 cm입니다.

5

> 비법 PLUS 큰 정육면체의 바깥쪽에 작은 정육면체가 세
> 면, 두 면, 한 면이 보이는 경우로 나누어 색칠된 바깥쪽
> 면이 최대일 때를 찾습니다.

$6 \times 6 \times 6 = 216$이므로 가로로 6개, 세로로 6개씩 6
층으로 쌓아 큰 정육면체를 만듭니다.

- 큰 정육면체의 꼭짓점을 포함하는 작은 정육면체 8
  개에는 세 면 중 한 면만 색칠될 수 있습니다.
- 큰 정육면체의 모서리에 있으면서 큰 정육면체의
  꼭짓점을 포함하지 않는 작은 정육면체
  $4 \times 12 = 48$(개)에는 두 면 중 한 면만 색칠될 수
  있습니다.
- 큰 정육면체의 면에 있으면서 큰 정육면체의 모서
  리를 포함하지 않는 작은 정육면체
  $16 \times 6 = 96$(개)에는 한 면이 색칠될 수 있습니다.
따라서 색칠된 바깥쪽 면은 최대
$8 + 48 + 96 = 152$(개)입니다.

6 가장 가깝게 갈 수 있는 방법은 모서리를 5개만 지나
야 합니다.
꼭짓점 ㉮에서 꼭짓점 ㉯까지 모서리를 따라 가장
가깝게 갈 수 있는 방법의 가짓수를 나타내면 다음과
같습니다.

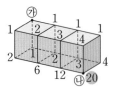

따라서 가장 가깝게 갈 수 있는 방법은 모두 20가지
입니다.

⑥ 평균과 가능성

복습 **상위권 문제** 42~43쪽

1 예

2 73 cm

3 90점

4 8분

5 131 cm

6 예

과목 방법	국어	수학	사회	과학	총점
1	88	92	80	96	356
2	92	88	80	96	356
3	84	100	80	92	356

1 화살이 빨간색에 멈출 가능성이 초록색에 멈출 가능
성보다 높으므로 넓이가 넓은 두 곳에 빨간색과 파
란색을 각각 색칠하고, 좁은 두 곳에 초록색과 노란
색을 각각 색칠합니다.

2 · (소미의 앉은키)$=72.8-1.8=71$(cm)
· (선주의 앉은키)$=71+4.2=75.2$(cm)
➡ (세 사람의 앉은키의 평균)
$=(72.8+71+75.2) \div 3$
$=219 \div 3 = 73$(cm)

3 1단원부터 5단원까지의 점수의 합이 적어도
$86 \times 5 = 430$(점)이어야 합니다.
따라서 5단원에서는 적어도
$430-84-76-92-88=90$(점)을 받아야 합니다.

4 · (전체 걸린 시간)$=$1시간 30분$+$1시간 50분
$=$3시간 20분$=200$분
· (전체 간 거리)$=11+14=25$(km)
➡ (전체 걸린 시간)$\div$(전체 간 거리)
$=200 \div 25 = 8$(분)

5 · (남학생 14명의 키의 합)$=132 \times 14=1848$(cm)
· (여학생 10명의 키의 합)$=129.6 \times 10$
$=1296$(cm)
· (진영이네 반 전체 학생 수)$=14+10=24$(명)
➡ (진영이네 반 전체 학생의 키의 평균)
$=(1848+1296) \div 24$
$=3144 \div 24 = 131$(cm)

6 다음 시험에서 점수의 평균을 4점 올리기 위해서 총
점은 $4 \times 4 = 16$(점) 더 올려야 합니다.
이번 시험의 총점이 $84+88+76+92=340$(점)이
므로 다음 시험의 총점은 $340+16=356$(점)이 되
어야 합니다.

1 23

2 예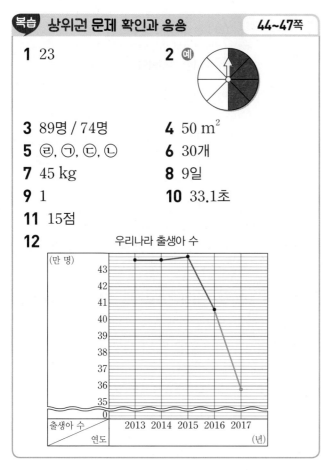

3 89명 / 74명

4 50 m²

5 ㉣, ㉠, ㉢, ㉡

6 30개

7 45 kg

8 9일

9 1

10 33.1초

11 15점

12

우리나라 출생아 수

(만 명)

43
42
41
40
39
38
37
36
35
0

출생아 수 / 연도   2013 2014 2015 2016 2017 (년)

1 합이 같도록 두 수씩 짝 지어 11부터 35까지의 자연수의 합을 구하면 다음과 같습니다.

$$11+12+13+ \cdots +33+34+35$$

(46, 46, 46 ...)

$$=46 \times 12+23=575$$

⇨ (평균)$=575 \div 25=23$

2 구슬 8개가 들어 있는 주머니에서 1개 이상의 구슬을 꺼낼 때 나올 수 있는 구슬의 개수는 1개, 2개 …… 7개, 8개로 8가지 경우가 있습니다. 이 중 꺼낸 구슬의 개수가 홀수인 경우는 1개, 3개, 5개, 7개로 4가지이고, 짝수인 경우는 2개, 4개, 6개, 8개로 4가지입니다. 따라서 꺼낸 구슬의 개수가 홀수일 가능성과 짝수일 가능성은 각각 '반반이다'이므로 회전판의 8칸 중 4칸에 빨간색을 색칠합니다.

3 (인국이네 학교의 전체 학생 수)$=83 \times 6=498$(명)
(4학년 학생 수)+(5학년 학생 수)
$=498-72-80-93-90=163$(명)
4학년 학생 수를 8■명, 5학년 학생 수를 ▲4명이라 하면 8■+▲4=163에서 ■=9, ▲=7입니다.
따라서 4학년 학생 수는 89명, 5학년 학생 수는 74명입니다.

4 ・(첫째 날 벼를 벤 시간의 합)$=8 \times 6=48$(시간)
・(둘째 날 벼를 벤 시간의 합)$=4 \times 8=32$(시간)
・(벼를 베는 데 전체 걸린 시간)$=48+32$
$=80$(시간)
따라서 한 사람이 한 시간에 벼를 벤 논의 넓이의 평균은 $4000 \div 80=50$(m²)입니다.

5 ㉠ 주사위의 눈의 수가 3 미만인 경우는 1, 2이므로 2가지입니다.
㉡ 주사위의 눈의 수가 6의 약수인 경우는 1, 2, 3, 6이므로 4가지입니다.
㉢ 주사위의 눈의 수가 2의 배수인 경우는 2, 4, 6이므로 3가지입니다.
㉣ 주사위의 눈의 수가 6 초과인 경우는 없습니다.
⇨ ㉣<㉠<㉢<㉡

6 ・(전체 매실 수확량)$=222 \times 5=1110$(kg)
・(라 마을의 매실 수확량)
$=1110-250-130-280-210=240$(kg)
⇨ (필요한 상자의 수)$=240 \div 8=30$(개)

7 ・(남학생 수)$=25-12=13$(명)
・(반 전체 학생의 몸무게의 합)
$=41.88 \times 25=1047$(kg)
・(여학생의 몸무게의 합)$=38.5 \times 12=462$(kg)
⇨ (남학생의 몸무게의 평균)
$=(1047-462) \div 13=585 \div 13=45$(kg)

8 한 회의 횟수인 76회를 67회로 잘못 보고 계산한 경우에는 전체 횟수의 합이 $76-67=9$(회)만큼 부족합니다. 지우가 줄넘기를 □일 동안 했다고 하면
(전체 횟수의 합)$=71 \times □=70 \times □+9$이므로
$71 \times □-70 \times □=9$, □=9입니다.
따라서 지우는 줄넘기를 9일 동안 했습니다.

9 홀수는 일의 자리 숫자가 1, 3, 5, 7, 9이어야 하는데 어떻게 수를 뽑아도 일의 자리 숫자에 1, 3, 5, 7, 9가 올 수 밖에 없으므로 두 자리 수를 만들 때 홀수일 가능성은 '확실하다'입니다.
따라서 '확실하다'를 수로 표현하면 1입니다.

10 ・(금메달, 은메달, 동메달을 딴 선수의 기록의 합)
$=31.2 \times 3=93.6$(초)
・(동메달을 딴 선수와 메달을 따지 못한 나머지 두 선수의 기록의 합)
$=34.5 \times 3=103.5$(초)
・(5명의 기록의 합)$=32.8 \times 5=164$(초)
⇨ (동메달을 딴 선수의 기록)
$=93.6+103.5-164=33.1$(초)

11 혁수의 난도 점수는 가장 높은 점수 8점과 가장 낮은 점수 6점을 제외한 나머지 점수의 평균이므로 $(7+7) \div 2 = 7$(점)이고, 실시 점수는 가장 높은 점수 9점과 가장 낮은 점수 6점을 제외한 나머지 점수의 평균이므로 $(8+7+9) \div 3 = 8$(점)입니다.
따라서 혁수가 받은 안마 점수는 $7+8=15$(점)입니다.

12 5년 동안 출생아 수의 평균이 414800명이므로 2013년부터 2017년까지의 출생아 수의 합은 $414800 \times 5 = 2074000$(명)입니다.
세로 눈금 한 칸이 2000명을 나타내므로 2013년부터 2016년까지의 출생아 수는 차례대로 436000명, 436000명, 438000명, 406000명입니다.
따라서 2017년의 출생아 수는
$2074000 - 436000 - 436000 - 438000 - 406000 = 358000$(명)입니다.

복습 **최상위권 문제** 48~49쪽

1 7	**2** 16개	**3** 10
4 83점	**5** 6명	**6** 14명

1 $14 ★ (\square ★ 9) = 11 \rightarrow \underbrace{(14 + \bigcirc)}_{\bigcirc} \div 2 = 11,$
$\qquad\qquad\qquad\quad 14 + \bigcirc = 22, \bigcirc = 8$
$\Rightarrow \square ★ 9 = 8 \rightarrow (\square + 9) \div 2 = 8,$
$\qquad\qquad\qquad \square + 9 = 16, \square = 7$

2 지금 주머니에서 바둑돌 1개를 꺼낼 때 흰색 바둑돌이 나올 가능성이 '반반이다'이므로 지금 주머니에는 검은색 바둑돌 7개와 흰색 바둑돌 7개가 들어 있습니다.
따라서 처음 주머니에 들어 있던 검은색 바둑돌은 $7+2=9$(개)이므로 처음 주머니에 들어 있던 바둑돌은 모두 $9+7=16$(개)입니다.

3 $\bigcirc + \bigcirc = 16, \bigcirc + \bigcirc = 14, \bigcirc + \textcircled{2} = 22,$
$\textcircled{2} + \textcircled{1} = 30, \textcircled{1} + \bigcirc = 18$이므로
$(\bigcirc + \bigcirc) + (\bigcirc + \bigcirc) + (\bigcirc + \textcircled{2}) + (\textcircled{2} + \textcircled{1})$
$\quad + (\textcircled{1} + \bigcirc) = 16 + 14 + 22 + 30 + 18,$
$(\bigcirc + \bigcirc + \bigcirc + \textcircled{2} + \textcircled{1}) \times 2 = 100,$
$\bigcirc + \bigcirc + \bigcirc + \textcircled{2} + \textcircled{1} = 50$입니다.
따라서 $\bigcirc, \bigcirc, \bigcirc, \textcircled{2}, \textcircled{1}$의 평균은
$(\bigcirc + \bigcirc + \bigcirc + \textcircled{2} + \textcircled{1}) \div 5 = 50 \div 5 = 10$입니다.

4 **비법 PLUS⁺** (합격한 40명의 점수의 합)
$\quad$ +(불합격한 260명의 점수의 합)
$\quad$ =(응시한 300명의 점수의 합)

(응시한 300명의 점수의 합)
$= 72.6 \times 300 = 21780$(점)
합격한 40명의 점수의 평균을 $\square$점이라 하면 불합격한 260명의 점수의 평균은 $(\square - 12)$점이므로
$\square \times 40 + (\square - 12) \times 260 = 21780,$
$\square \times 40 + \square \times 260 - 3120 = 21780,$
$\square \times 300 = 24900, \square = 83$입니다.
따라서 합격한 40명의 점수의 평균은 83점입니다.

5 **비법 PLUS⁺** 심사 위원의 수를 $(\square + 1)$명이라 하여 식을 만듭니다.

전체 심사 위원의 수를 $(\square + 1)$명이라 하면
(전체 받은 점수의 합)
$= 16.6 \times (\square + 1) = 15.6 \times \square + 21.6$이므로
$16.6 \times \square + 16.6 = 15.6 \times \square + 21.6,$
$16.6 \times \square - 15.6 \times \square = 21.6 - 16.6,$
$\square = 5$입니다.
따라서 심사 위원은 모두 $5 + 1 = 6$(명)입니다.

6 **비법 PLUS⁺** 30점을 받은 학생은 3번만 맞혔거나 1번과 2번을 모두 맞힌 학생입니다.

(반 전체 학생의 점수의 합) $= 35 \times 26 = 910$(점)
30점을 받은 학생 수를 $\square$명이라 하면
$10 \times 2 + 20 \times 4 + 30 \times \square + 40 \times 7 + 50 \times 4$
$\quad + 60 \times 3 = 910,$
$760 + 30 \times \square = 910, 30 \times \square = 150,$
$\square = 5$입니다.
(0점인 학생 수) $= 26 - 2 - 4 - 5 - 7 - 4 - 3$
$\qquad\qquad\qquad\quad = 1$(명)
30점을 받은 학생 중에서 3번만 맞힌 학생 수를 $\triangle$명이라 하면 3번을 맞힌 학생이 얻을 수 있는 점수는 30점, 40점, 50점, 60점이므로
(3번을 맞힌 학생 수) $= \triangle + 7 + 4 + 3 = 16,$
$\triangle = 2$입니다.
30점을 받은 학생 중에서 3번만 맞힌 학생이 2명이므로 1번과 2번을 맞힌 학생은 $5 - 2 = 3$(명)입니다.
따라서 2번을 맞힌 학생이 얻을 수 있는 점수는 20점, 30점, 50점, 60점이므로 2번을 맞힌 학생 수는
$4 + 3 + 4 + 3 = 14$(명)입니다.

↳ 개념·플러스·유형·시리즈 개념과 유형이 하나로! 가장 효과적인 수학 공부 방법을 제시합니다.

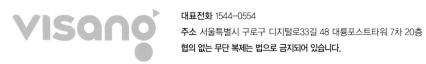
대표전화 1544-0554
주소 서울특별시 구로구 디지털로33길 48 대륭포스트타워 7차 20층
협의 없는 무단 복제는 법으로 금지되어 있습니다.

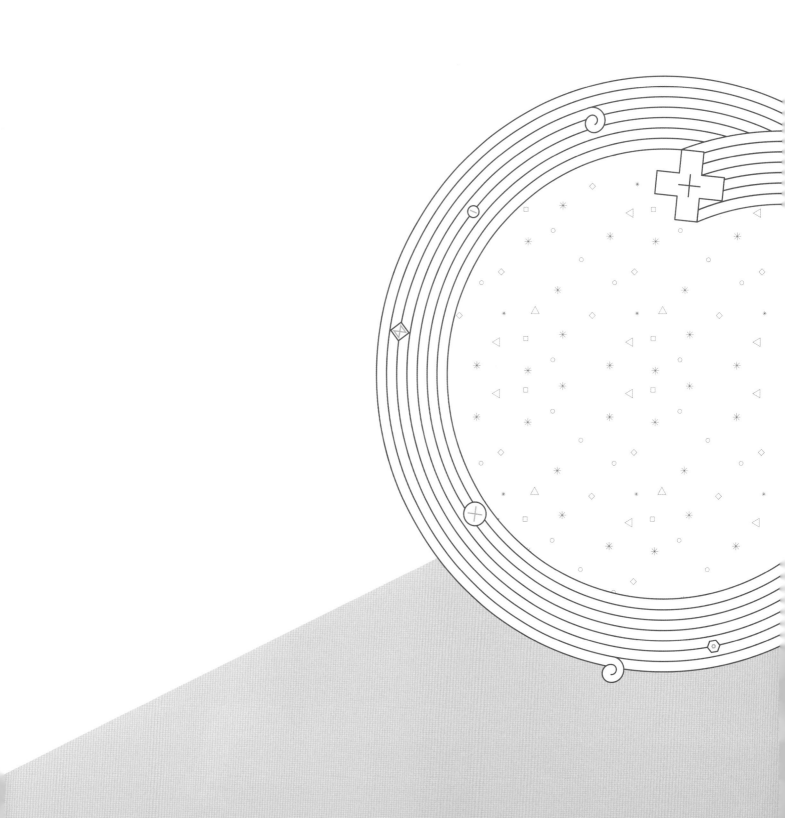

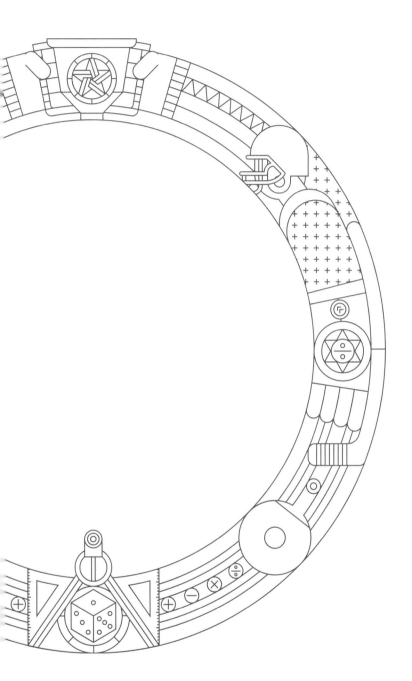

15개정 교육과정

개념┼유형 최상위탑

REVIEW
BOOK

초등 수학

5·2

 책 속의 가접 별책 (특허 제 0557442호)

visang

우리는 남다른 상상과 혁신으로
교육 문화의 새로운 전형을 만들어
모든 이의 행복한 경험과 성장에 기여한다

ABOVE IMAGINATION

우리는 남다른 상상과 혁신으로
교육 문화의 새로운 전형을 만들어
모든 이의 행복한 경험과 성장에 기여한다

개념+유형
최상위 탑

Review Book

5·2

대표유형 1

• 수 어림하기

8621을 올림하여 십의 자리까지 나타낸 수와 버림하여 백의 자리까지 나타낸 수의 차를 구해 보시오.

(   )

대표유형 2

• 수직선을 보고 수의 범위의 경곗값 구하기

수직선에 나타낸 수의 범위에 속하는 자연수가 9개일 때 ㉠에 알맞은 자연수를 구해 보시오.

┣━━━━━━━━━━━╋━━━━━━━━━━━━━━━━━╋━━━━━━━┫
            ㉠   62

(   )

대표유형 3

• 수의 범위 구하기

윤호네 학교 5학년 학생들이 강당에 있는 의자에 모두 앉으려면 7명까지 앉을 수 있는 긴 의자가 최소 35개 필요하다고 합니다. 윤호네 학교 5학년 학생은 몇 명 초과 몇 명 이하인지 구해 보시오.

(   )

대표유형 4

• 올림과 버림의 활용

유진이네 농장에서 귤을 어제는 1264개 수확했고, 오늘은 1497개 수확했습니다. 어제와 오늘 수확한 귤을 한 상자에 100개씩 담아서 팔려고 합니다. 한 상자에 13000원씩 받고 팔 때 귤을 팔아서 받을 수 있는 돈은 모두 얼마인지 구해 보시오.

(   )

대표유형 5

• 조건을 만족하는 소수 만들기

자연수 부분이 5 초과 7 이하이고 소수 첫째 자리 수가 3 이상 6 미만인 소수 한 자리 수를 만들려고 합니다. 만들 수 있는 소수 한 자리 수는 모두 몇 개인지 구해 보시오.

(   )

대표유형 6

• 수 카드로 조건을 만족하는 수 만들기

4장의 수 카드 중에서 3장을 뽑아 한 번씩만 사용하여 (조건)을 모두 만족하는 세 자리 수를 만들려고 합니다. 만들 수 있는 수는 모두 몇 개인지 구해 보시오.

| 4 | 2 | 0 | 6 |

조건
• 420 이상 640 미만인 수입니다.
• 6으로 나누어떨어집니다.

(   )

대표유형 7

• 어림하기 전의 수 구하기

다음 다섯 자리 수를 십의 자리에서 반올림하여 나타내었더니 72000이 되었습니다. 어림하기 전의 다섯 자리 수를 구해 보시오.

■▲023

(   )

신유형 8

• 전기 요금 구하기

다음은 주택용 전기 사용량별 전기 요금을 나타낸 표입니다. 현우네 집에서 8월 한 달 동안 전기를 440 kWh 사용했다면 전기 요금은 얼마인지 구해 보시오. (단, 전기 요금은 기본요금과 구간별 전력량 요금을 더하여 계산하고, 전력량 요금은 버림하여 일의 자리까지 나타낸 수로 계산합니다.)

주택용 전력(저압) 사용량별 전기 요금

기본요금(원/호)		전력량 요금(원/kWh)	
200 kWh 이하 사용	910	처음 200 kWh까지	93.3
200 kWh 초과 400 kWh 이하 사용	1600	다음 200 kWh까지	187.9
400 kWh 초과 사용	7300	400 kWh 초과	280.6

(출처: 전기 요금표, 한국전력공사, 2019.)

(   )

1 수직선에 나타낸 수의 범위에 속하는 자연수 중에서 2로 나누어떨어지는 수는 모두 몇 개인지 구해 보시오.

(   )

2 물건을 택배로 보낼 때 물건의 무게에 따른 택배 요금은 다음과 같습니다. 2 kg인 물건 3개, 4.5 kg인 물건 2개, 7 kg인 물건 1개를 택배로 보낸다면 모두 얼마를 내야 하는지 구해 보시오. (단, 물건은 한 개씩 택배로 보냅니다.)

무게에 따른 택배 요금

물건의 무게(kg)	택배 요금
2 이하	5000원
2 초과 5 이하	6000원
5 초과 10 이하	7500원

(출처: 택배 요금, 우체국, 2019년 5월)

(   )

3 보라네 학교 학생 수를 올림하여 십의 자리까지 나타낸 수는 2140명입니다. 운동회 날 간식으로 전교생에게 빵을 2개씩 나누어 주려면 최소 몇 개를 준비해야 하는지 구해 보시오.

(   )

4 놀이공원에 온 준혁이와 민지는 32500원짜리 자유 이용권을 각각 한 장씩 사려고 합니다. 자유 이용권 값을 준혁이는 1000원짜리, 민지는 10000원짜리 지폐로만 내려고 합니다. 두 사람이 내야 할 최소 지폐 수의 차는 몇 장인지 구해 보시오.

(   )

5 5장의 수 카드를 한 번씩만 사용하여 다섯 자리 수를 만들려고 합니다. 만들 수 있는 수 중에서 가장 큰 수와 가장 작은 수를 각각 반올림하여 백의 자리까지 나타내었을 때 어림한 두 수의 차를 구해 보시오.

2 6 9 7 3

(   )

6 정육각형의 모든 변의 길이의 합이 90 cm 이상 144 cm 이하가 되도록 한 변의 길이를 정하려고 합니다. 이 정육각형의 한 변의 길이는 몇 cm 이상 몇 cm 이하인지 구해 보시오.

(   )

7 다음 네 자리 수를 버림하여 천의 자리까지 나타낸 수와 반올림하여 천의 자리까지 나타낸 수는 같습니다. ☐ 안에 들어갈 수 있는 수를 모두 구해 보시오.

5☐72

(   )

8 (조건)을 모두 만족하는 소수 세 자리 수를 구해 보시오.

─(조건)─
- 자연수 부분은 가장 큰 한 자리 수입니다.
- 소수 첫째 자리 수는 5 이상 6 미만입니다.
- 소수 둘째 자리 수는 6 초과 8 미만입니다.
- 각 자리 수의 합은 29입니다.

(   )

9 (조건)을 모두 만족하는 네 자리 수는 모두 몇 개인지 구해 보시오.

─(조건)─
- 올림하여 천의 자리까지 나타낸 수는 6000입니다.
- 반올림하여 천의 자리까지 나타낸 수는 6000입니다.

(   )

10 어느 극장의 지난주 관람객 수를 버림하여 천의 자리까지 나타내면 42000명이고, 이번 주 관람객 수를 십의 자리에서 반올림하여 나타내면 61300명입니다. 지난주와 이번 주 관람객 수의 차가 가장 클 때의 차는 몇 명인지 구해 보시오.

(   )

비법 NOTE

창의융합형 문제

11 온천은 땅속열에 의하여 지하수가 데워져 솟아 나오는 샘을 말합니다. 온천의 물은 여러 가지 광물 성분을 포함하고 있어서 의료에 효과가 있습니다. 윤아네 가족은 겨울 여행으로 온천에 왔습니다. 윤아네 가족 4명이 내야 할 입장료는 모두 얼마인지 구해 보시오.

▲ 벳푸 온천

온천 입장료

구분	요금
어른	12000원
청소년	9000원
어린이	6000원

윤아네 가족의 나이

아버지	만 42세
어머니	만 39세
오빠	만 13세
윤아	만 11세

(청소년: 만 13세 이상 18세 이하, 어린이: 만 3세 이상 12세 이하)

(   )

12 고궁은 옛 궁궐을 뜻하는 말입니다. 현재 서울에 남아 있는 조선 시대의 5대 궁궐은 경복궁, 창덕궁, 창경궁, 덕수궁, 경희궁입니다. 올해 창덕궁 걷기 대회에 참가한 사람 수를 올림하여 백의 자리까지 나타내면 7900명입니다. 대회 운영 본부에서 기념품으로 티셔츠 8000장을 준비하여 참가자 모두에게 한 장씩 주려고 합니다. 나누어 주고 남는 티셔츠가 가장 많은 경우는 몇 장인지 구해 보시오.

▲ 창덕궁 후원

(   )

창의융합 PLUS

➕ **온천의 효능**
온천열에 의해 몸이 따뜻해져서 신진대사가 활발해지고 몸 안의 피로물질이 몸 밖으로 배출됨에 따라 근육의 피로나 통증이 감소합니다. 또 많은 미네랄 성분들이 들어 있어 위장병, 피부병, 관절염 등에도 좋다고 합니다.

➕ **창덕궁**
조선 왕조의 독특한 건축과 정원 문화를 보여주는 궁궐로 후원은 숲과 연못, 정자 등이 조화를 이루어 창덕궁의 진정한 아름다움을 느낄 수 있습니다. 1997년 유네스코가 정한 세계 유산으로 등록되어 그 가치를 국제적으로 인정받았습니다.

최상위권 문제

복습

1 〈조건〉을 만족하는 자연수 ㉮와 ㉯의 차를 구해 보시오.

〈조건〉
• 50 이상 ㉮ 이하인 자연수는 모두 13개입니다.
• ㉯ 초과 40 미만인 자연수는 모두 11개입니다.

(   )

2 예지네 학교 남학생은 290명, 여학생은 273명입니다. 어린이날 선물로 전교생에게 공책을 한 권씩 나누어 주려고 합니다. ㉮ 문방구와 ㉯ 문방구에서 다음과 같이 공책을 묶음으로만 팔 때 공책을 부족하지 않게 최소 가격으로 사려면 어느 문방구에서 더 싸게 살 수 있는지 구해 보시오.

문방구	한 묶음의 권수	한 묶음의 가격
㉮	10권	8000원
㉯	50권	39000원

(   )

3 오른쪽은 과수원별 포도 수확량을 반올림하여 백의 자리까지 나타낸 수를 막대그래프로 나타낸 것입니다. 세 과수원의 포도 수확량이 가장 많을 때와 가장 적을 때의 수확량의 차는 몇 상자인지 구해 보시오. (단, 한 상자에 담은 포도의 양은 모두 같습니다.)

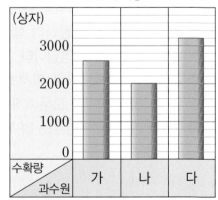

(   )

4 6장의 수 카드 중에서 5장을 뽑아 한 번씩만 사용하여 70000에 가장 가까운 수를 만들었습니다. 만든 수를 버림하여 천의 자리까지 나타낸 수와 반올림하여 백의 자리까지 나타낸 수의 차를 구해 보시오.

| 7 | 6 | 0 | 5 | 9 | 3 |

(   )

5 수호네 반 학생 28명 중에서 토끼를 좋아하는 학생은 23명, 다람쥐를 좋아하는 학생은 17명입니다. 토끼와 다람쥐를 모두 좋아하는 학생은 몇 명 초과 몇 명 미만인지 구해 보시오.

(   )

6 5장의 수 카드를 한 번씩만 사용하여 만들 수 있는 다섯 자리 수 중에서 백의 자리에서 반올림하여 나타낸 수가 93000이 되는 수는 모두 몇 개인지 구해 보시오.

| 7 | 3 | 9 | 2 | 6 |

(   )

대표유형 1

• ■ 안에 들어갈 수 있는 자연수 구하기

□ 안에 들어갈 수 있는 자연수를 모두 구해 보시오.

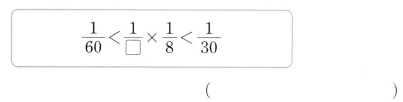

(   )

대표유형 2

• 도형의 넓이 구하기

도형의 넓이는 몇 cm^2인지 구해 보시오.

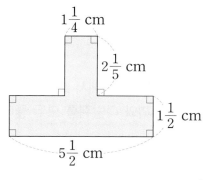

$1\frac{1}{4}$ cm

$2\frac{1}{5}$ cm

$1\frac{1}{2}$ cm

$5\frac{1}{2}$ cm

(   )

대표유형 3

• 수직선에서 등분한 한 점이 나타내는 값 구하기

수직선에서 $2\frac{1}{5}$ 과 $5\frac{7}{25}$ 사이를 7등분 한 것입니다. ㉠에 알맞은 수를 구해 보시오.

$2\frac{1}{5}$　㉠　$5\frac{7}{25}$

(   )

대표유형 4

• 시계가 가리키는 시각 구하기

동규의 시계는 하루에 $1\frac{5}{6}$ 분씩 빨리 갑니다. 동규의 시계를 오늘 오전 11시 30분에 정확히 맞추어 놓았습니다. 12일 후 오전 11시 30분에 동규의 시계가 가리키는 시각은 오전 몇 시 몇 분인지 구해 보시오.

(   )

대표유형 **5**

● 공이 튀어 올랐을 때의 높이 구하기

$50\ \mathrm{m}$ 높이에서 공을 떨어뜨렸습니다. 공은 땅에 닿으면 떨어진 높이의 $\dfrac{4}{5}$ 만큼 튀어 오릅니다. 공이 땅에 세 번 닿았다가 튀어 올랐을 때의 높이는 몇 m인지 구해 보시오.

(   )

대표유형 **6**

● 계산 결과가 가장 크거나 작은 곱셈식 만들기

4장의 수 카드를 한 번씩만 사용하여 (자연수)×(대분수)의 곱셈식을 만들려고 합니다. 계산 결과가 가장 작을 때의 곱은 얼마인지 구해 보시오.

4   5   7   8

(   )

대표유형 **7**

● 규칙을 찾아 계산하기

다음을 계산해 보시오.

$$\left(2-\dfrac{1}{2}\right)\times\left(2-\dfrac{2}{3}\right)\times\left(2-\dfrac{3}{4}\right)\times\left(2-\dfrac{4}{5}\right)\times\left(2-\dfrac{5}{6}\right)$$

(   )

신유형 **8**

● 전체의 몇 분의 몇인지 구하기

전 세계에서 땅이 가장 넓은 나라는 러시아이고, 두 번째로 넓은 나라는 캐나다입니다. 러시아의 땅의 넓이는 지구 전체 땅의 넓이의 $\dfrac{3}{25}$ 이고, 러시아를 뺀 나머지 땅의 넓이의 $\dfrac{3}{40}$ 이 캐나다의 땅의 넓이입니다. 캐나다의 땅의 넓이는 지구 전체 땅의 넓이의 몇 분의 몇인지 구해 보시오.

(   )

1 수 카드를 한 번씩만 사용하여 진분수 3개를 만들어 곱하려고 합니다. 계산 결과가 가장 작을 때의 곱은 얼마인지 구해 보시오. (단, 분모와 분자에 각각 한 장의 카드만 사용합니다.)

| 2 | 3 | 4 | 6 | 7 | 9 |

(   )

2 도형의 넓이는 몇 cm²인지 구해 보시오.

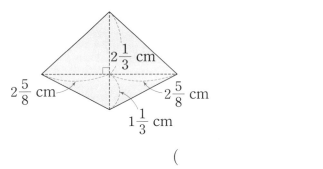

(   )

3 어떤 수에 $\dfrac{2}{5}$ 를 곱해야 할 것을 잘못하여 뺐더니 $\dfrac{1}{2}$ 이 되었습니다. 바르게 계산한 값을 구해 보시오.

(   )

4 다음 계산 결과가 자연수가 되도록 ☐ 안에 들어갈 수 있는 가장 작은 자연수를 구해 보시오.

$$\dfrac{7}{22} \times \dfrac{16}{35} \times \square$$

(   )

비법 NOTE

5 길이가 $3\dfrac{7}{12}$ cm인 색 테이프 24장을 그림과 같이 $\dfrac{2}{3}$ cm씩 겹치게 한 줄로 이어 붙였습니다. 이어 붙인 색 테이프 전체의 길이는 몇 cm인지 구해 보시오.

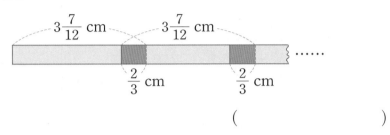

(   )

6 경수의 시계는 하루에 $1\dfrac{1}{4}$분씩 늦게 갑니다. 경수의 시계를 오늘 오후 3시에 정확히 맞추어 놓았습니다. 3주일 후 오후 3시에 경수의 시계가 가리키는 시각은 오후 몇 시 몇 분 몇 초인지 구해 보시오.

(   )

7 수직선에서 $1\dfrac{3}{5}$과 $3\dfrac{1}{2}$ 사이를 6등분 한 것입니다. ㉠과 5의 곱은 얼마인지 구해 보시오.

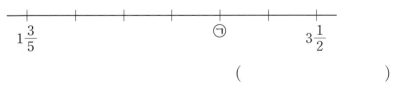

(   )

8 정사각형의 가로를 처음 길이의 $\frac{1}{4}$만큼 줄이고, 세로를 처음 길이의 $\frac{1}{8}$ 만큼 늘여서 직사각형을 만들었습니다. 만든 직사각형의 넓이는 처음 정사각형의 넓이의 몇 분의 몇인지 구해 보시오.

(   )

9 길이가 4 m인 트럭이 일정한 빠르기로 달리고 있습니다. 이 트럭은 길이가 640 m인 터널을 완전히 통과하는 데 1분이 걸립니다. 이 트럭이 2분 45초 동안 달리면 몇 m를 갈 수 있는지 구해 보시오.

(   )

10 주리와 재형이가 가지고 있는 구슬을 모두 더하면 168개입니다. 주리가 가지고 있는 구슬의 $\frac{1}{4}$과 재형이가 가지고 있는 구슬의 $\frac{1}{10}$은 같습니다. 재형이가 가지고 있는 구슬은 몇 개인지 구해 보시오.

(   )

💡 창의융합형 문제

11 양팔 저울에 양파, 감자, 단호박을 그림과 같이 올려놓았더니 양팔 저울이 수평을 이루었습니다. 양파 한 개의 무게가 $150\frac{3}{11}$ g일 때 단호박 절반의 무게는 몇 g인지 구해 보시오. (단, 양파와 감자의 무게는 각각 같습니다.)

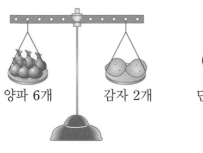
양파 6개   감자 2개

단호박 1개   감자 3개, 양파 2개

(   )

창의융합 PLUS

✚ **양팔 저울**
양쪽에 접시가 달려 있어서 접시에 물체를 올려놓고 무게를 비교하거나 재는 저울입니다.

12 인쇄용 종이의 규격에는 A 규격과 B 규격 두 가지가 있습니다. A 규격의 종이는 A0부터 A10까지 크기가 정해져 있고 A0는 우리가 흔히 전지라고 부르는 종이를 말합니다. A 규격 종이의 크기를 나누는 방법은 오른쪽 그림과 같이 A0를 똑같이 반으로 한 번 자른 것이 A1, 두 번 자른 것이 A2, 세 번 자른 것이 A3, 네 번 자른 것이 A4, 다섯 번 자른 것이 A5……입니다. A0의 넓이가 1 m²일 때 A5 종이의 넓이는 몇 m²인지 구해 보시오.

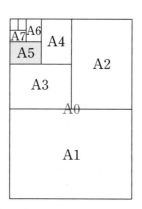

(   )

✚ **A0(전지)**
A0의 가로는 84.1 cm이고, 세로는 118.9 cm로 정확한 넓이는 9999.49 cm²이지만 1 m²=10000 cm²이므로 A0의 넓이는 약 1 m²라고 할 수 있습니다.

복습 최상위권 문제

1 가♥나＝가×$\frac{2}{5}$＋(가＋나)×나로 약속할 때, 다음을 계산해 보시오.

$$9\frac{3}{8}\text{♥}6$$

(   )

2 명수와 명지는 할머니께서 주신 용돈을 남김없이 나누어 가졌습니다. 명수는 전체 용돈의 $\frac{7}{10}$보다 500원 더 적게 가졌고, 명지는 전체 용돈의 $\frac{1}{4}$보다 1500원 더 많이 가졌습니다. 할머니께서 주신 용돈은 모두 얼마인지 구해 보시오.

(   )

3 규칙에 따라 분수를 늘어놓은 것입니다. 첫 번째 분수부터 90번째 분수까지 모두 곱하면 얼마인지 구해 보시오.

$$\frac{1}{5},\ \frac{5}{9},\ \frac{9}{13},\ \frac{13}{17},\ \frac{17}{21}\cdots\cdots$$

(   )

4 세 분수 $10\frac{1}{2}$, $2\frac{1}{7}$, $4\frac{7}{8}$에 각각 같은 기약분수를 곱하여 계산 결과가 모두 자연수가 되게 하려고 합니다. 이와 같은 기약분수 중에서 가장 작은 분수를 구해 보시오.

(　　　　　　　)

5 오른쪽 그림은 직사각형에서 각 변의 한가운데 점을 이어 마름모와 직사각형을 번갈아 가며 계속 그린 것입니다. 색칠한 부분의 넓이는 몇 cm²인지 구해 보시오.

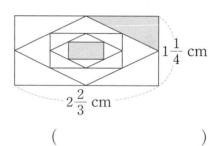

$1\frac{1}{4}$ cm

$2\frac{2}{3}$ cm

(　　　　　　　)

6 어떤 일을 하는 데 수정이가 혼자서 하면 8시간이 걸리고, 민서가 혼자서 하면 7시간이 걸린다고 합니다. 두 사람이 함께 2시간 36분 동안 이 일을 했다면 남은 일의 양은 전체 일의 양의 몇 분의 몇인지 구해 보시오. (단, 두 사람이 1시간 동안 하는 일의 양은 각각 일정합니다.)

(　　　　　　　)

● 합동인 도형에서 길이 구하기

대표유형 1

오른쪽 삼각형 ㄱㄴㄷ과 삼각형 ㅁㄷㄹ은 서로 합동입니다. 선분 ㄴㅁ은 몇 cm인지 구해 보시오.

15 cm

17 cm

8 cm

(   )

● 선대칭도형에서 각의 크기 구하기

대표유형 2

오른쪽 사각형 ㄱㄴㄷㄹ은 직선 ㅁㅂ을 대칭축으로 하는 선대칭도형입니다. 각 ㄱㄴㅂ은 몇 도인지 구해 보시오.

55°

(   )

● 서로 합동인 도형의 수 구하기

대표유형 3

오른쪽 이등변삼각형 ㄱㄴㄷ에서 찾을 수 있는 서로 합동인 삼각형은 모두 몇 쌍인지 구해 보시오. (단, 선분 ㄱㄹ과 선분 ㄷㅁ의 길이는 서로 같습니다.)

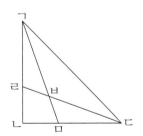

(   )

• 점대칭도형의 둘레 구하기

대표유형 4 점 ㅇ을 대칭의 중심으로 하는 점대칭도형입니다. 이 점대칭도형의 둘레는 몇 cm 인지 구해 보시오.

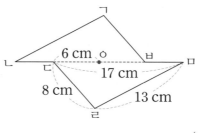

( )

• 종이를 접은 모양에서 각의 크기 구하기

대표유형 5 오른쪽 그림과 같이 삼각형 모양의 종이를 접었습니다. 각 ㄴㅁㄹ은 몇 도인지 구해 보시오.

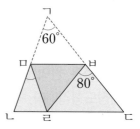

( )

• 삼각형의 넓이 구하기

신유형 6 서윤이는 오른쪽과 같이 상자에 포장지를 붙여 선물 상자를 만들고 있습니다. 이 선물 상자의 마지막 한 면 ㉮만 포장지 를 붙이면 완성됩니다. 서윤이에게 필요한 포장지의 넓이는 몇 cm²인지 구해 보시오.

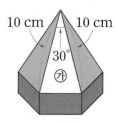

( )

복습 상위권 문제 확인과 응용

1 오른쪽 사각형 ㄱㄴㄷㄹ은 선분 ㅁㅂ을 대칭축으로 하는 선대칭도형입니다. 사각형 ㄱㄴㄷㄹ의 둘레가 46 cm일 때 변 ㄱㄴ은 몇 cm인지 구해 보시오.

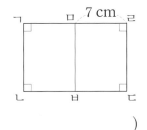

(   )

2 서로 합동인 정삼각형 9개를 오른쪽 그림과 같이 붙여 큰 정삼각형을 만들었습니다. 색칠한 부분의 둘레가 35 cm일 때 가장 큰 정삼각형의 둘레는 몇 cm인지 구해 보시오.

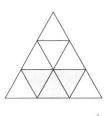

(   )

3 오른쪽은 원의 중심 ㅇ을 대칭의 중심으로 하는 점대칭도형입니다. 각 ㅇㄹㄷ은 몇 도인지 구해 보시오.

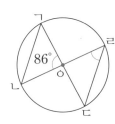

(   )

4 삼각형 ㄱㄴㄷ과 삼각형 ㄹㄷㄴ은 서로 합동입니다. 각 ㄴㄹㄷ은 몇 도인지 구해 보시오.

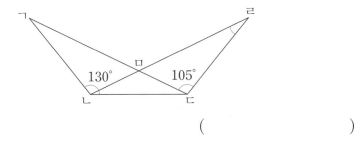

(   )

비법 NOTE

빠른 정답 8쪽 ——— 정답과 풀이 47쪽

5 선분 ㄱㄴ을 대칭축으로 하는 선대칭도형을 완성하려고 합니다. 완성한 선대칭도형의 넓이는 몇 cm²인지 구해 보시오.

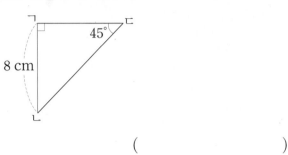

(   )

비법 NOTE

6 점 ㅇ을 대칭의 중심으로 하는 점대칭도형을 완성하려고 합니다. 완성한 점대칭도형의 넓이는 몇 cm²인지 구해 보시오.

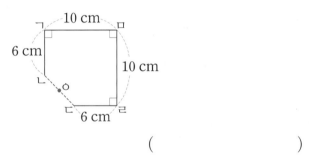

(   )

7 다음 도형은 평행사변형 ㄱㄴㄷㄹ에 변 ㄱㄴ과 평행한 선분 ㅁㅂ을 그은 다음 대각선인 선분 ㄱㄷ을 그은 것입니다. 그림에서 찾을 수 있는 서로 합동인 도형은 모두 몇 쌍인지 구해 보시오. (단, 선분 ㄱㅁ과 선분 ㅁㄹ의 길이는 서로 같습니다.)

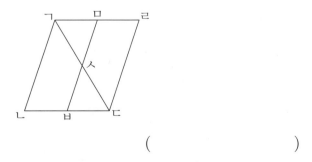

(   )

8 삼각형 ㄱㄴㄹ은 선분 ㅁㄴ을 대칭축으로 하는 선대칭도형이고, 사각형 ㅁㄴㄷㄹ은 선분 ㄹㄴ을 대칭축으로 하는 선대칭도형입니다. 각 ㄹㄴㄷ 은 몇 도인지 구해 보시오.

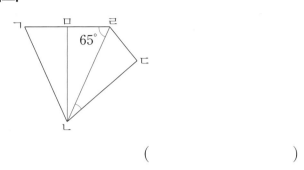

(   )

9 점 ㅇ을 대칭의 중심으로 하는 점대칭도형입니다. 이 점대칭도형의 둘레 가 56 cm일 때 변 ㄱㄴ은 몇 cm인지 구해 보시오.

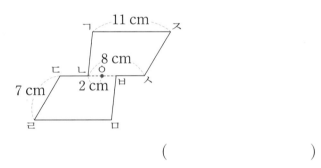

(   )

10 그림과 같이 직사각형 모양의 종이를 접었습니다. 처음 종이의 넓이는 몇 cm²인지 구해 보시오.

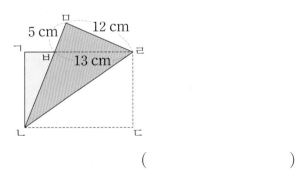

(   )

창의융합형 문제

11 민규는 서로 합동인 삼각형 2개를 이용하여 추상 표현의 방법으로 나비를 그렸습니다. 삼각형 ㄱㄴㄷ과 삼각형 ㄱㄹㅁ이 합동일 때 각 ㄱㅇㄹ은 몇 도인지 구해 보시오.

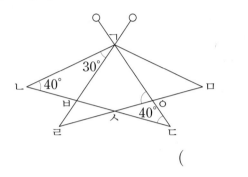

(   )

창의융합 PLUS

✚ 추상 표현
자연물 또는 인공물을 그대로 표현하는 것이 아니라 주관적인 느낌이나 생각을 표현하는 것입니다. 추상 표현의 방법으로는 단순화하기, 선·형·색으로 표현하기 등이 있습니다.

12 그림과 같이 오전 5시 20분에 디지털시계의 오른쪽에 거울을 세워 놓으면 거울에 비친 시각이 실제 시각과 같이 5시 20분을 나타냅니다. 오전 5시 20분과 같이 거울에 비췄을 때 같은 시각인 5시 20분이 나오는 것을 선대칭도형인 시각이라고 합니다. 이와 같이 디지털시계가 하루 동안 선대칭도형인 시각을 나타내는 경우는 모두 몇 번 있는지 구해 보시오.
(단, 밤 12시는 $\boxed{00:00}$ 로, 오후 1시는 $\boxed{13:00}$ 로 나타냅니다.)

디지털시계   거울에 비친 모습

(   )

✚ 거울로 비추기
거울은 사물의 좌우를 반대로 비추므로 사물을 거울로 비추면 사물과 선대칭인 모양이 나옵니다.

1 오른쪽 삼각형 ㄱㄴㄷ은 선분 ㄹㄴ을 대칭축으로 하는 선대칭 도형이고, 삼각형 ㅂㄱㄴ은 선분 ㅂㅁ을 대칭축으로 하는 선대칭도형입니다. 각 ㄱㅂㄷ은 몇 도인지 구해 보시오.

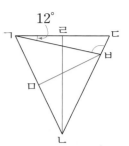

(   )

2 오른쪽 그림은 정사각형 모양의 종이를 반으로 접은 선분 위의 한 점 ㅅ에서 정사각형의 꼭짓점 ㄱ과 꼭짓점 ㄹ이 서로 맞닿도록 접은 것입니다. 각 ㅅㅁㅂ은 몇 도인지 구해 보시오.

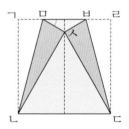

(   )

3 오른쪽 그림은 직선 가 위에 서로 합동인 삼각형 ㄱㄴㄷ과 삼각형 ㄹㅁㅂ을 그린 것입니다. 직사각형 ㄱㄴㅁㄹ의 넓이는 몇 cm²인지 구해 보시오.

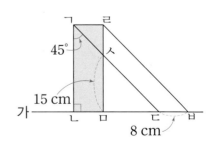

(   )

빠른 정답 8쪽 ── 정답과 풀이 48쪽

4 직선 ㅁㅂ을 대칭축으로 하는 선대칭도형을 완성하려고 합니다. 각 ㄴㄱㄹ의 크기가 각 ㄱㄹㄷ의 크기의 2배일 때 완성한 선대칭도형의 둘레는 몇 cm인지 구해 보시오.

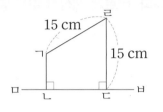

(   )

5 오른쪽은 점 ㅇ을 대칭의 중심으로 하는 점대칭도형입니다. 사각형 ㄱㄴㄷㄹ이 직사각형이고 변 ㄷㅂ의 길이와 선분 ㅂㅇ의 길이가 같을 때 색칠한 부분의 넓이는 몇 cm²인지 구해 보시오.

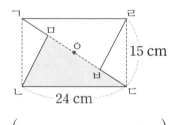

(   )

6 오른쪽 도형은 직선 가와 직선 나 모두를 대칭축으로 하는 선대칭도형입니다. 각 ㉠은 몇 도인지 구해 보시오.

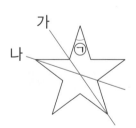

(   )

3. 합동과 대칭 **25**

대표유형 1

• 바르게 계산한 값 구하기

어떤 수에 7.25를 곱해야 할 것을 잘못하여 어떤 수에 7.25를 더했더니 11.93이 되었습니다. 바르게 계산한 값은 얼마인지 구해 보시오.

(   )

대표유형 2

• 도형의 넓이 구하기

도형의 넓이는 몇 cm^2인지 구해 보시오.

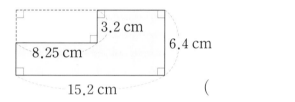

3.2 cm
6.4 cm
8.25 cm
15.2 cm

(   )

대표유형 3

• 범위에 알맞은 수 구하기

☐ 안에 들어갈 수 있는 자연수를 모두 구해 보시오.

$$0.85 \times 8 < \boxed{} < 2.06 \times 5$$

(   )

대표유형 4

• 사용한 휘발유의 양 구하기

1 km를 달리는 데 0.07 L의 휘발유를 사용하는 자동차가 있습니다. 이 자동차가 한 시간에 95 km를 가는 빠르기로 1시간 30분 동안 달렸다면 사용한 휘발유는 몇 L인지 구해 보시오.

(   )

• 수 카드로 만든 두 소수의 곱 구하기

대표유형 5

3장의 수 카드 5 , 6 , 4 를 한 번씩 모두 사용하여 소수를 만들려고 합니다. 만들 수 있는 가장 큰 소수 두 자리 수와 가장 작은 소수 한 자리 수의 곱을 구해 보시오.

( )

• 공이 튀어 오른 높이 구하기

대표유형 6

떨어진 높이의 0.8배만큼 튀어 오르는 공이 있습니다. 이 공을 12 m 높이에서 바닥에 수직으로 떨어뜨렸을 때 공이 셋째로 튀어 오른 높이는 몇 m인지 구해 보시오. (단, 공은 바닥에서 수직으로 튀어 오릅니다.)

( )

• 소수의 곱셈에서 규칙 찾기

대표유형 7

다음을 보고 0.7을 50번 곱했을 때 곱의 소수 50째 자리 숫자는 무엇인지 구해 보시오.

$$0.7=0.7$$
$$0.7×0.7=0.49$$
$$0.7×0.7×0.7=0.343$$
$$0.7×0.7×0.7×0.7=0.2401$$
$$0.7×0.7×0.7×0.7×0.7=0.16807$$
$$0.7×0.7×0.7×0.7×0.7×0.7=0.117649$$
$$⋮$$

( )

• 무늬의 둘레에 사용할 띠의 길이 구하기

신유형 8

오른쪽과 같이 한 변의 길이가 6.5 cm인 정삼각형 모양의 타일을 겹치지 않게 이어 붙여 무늬를 만들려고 합니다. 타일 14개를 사용하여 둘레가 가장 짧도록 무늬를 만든 후 무늬의 둘레에 노란 띠를 겹치지 않게 붙여 경계를 표시하려고 합니다. 무늬의 둘레에 사용할 노란 띠는 몇 cm인지 구해 보시오.

6.5 cm

( )

1 ㉠은 ㉡의 몇 배인지 구해 보시오.

> • ㉠×83.2=832 • ㉡×59.6=0.596

(   )

비법 NOTE

2 쌀 5 kg의 가격표가 다음과 같이 찢어져 있을 때 1000원짜리 지폐가 최소 몇 장 있어야 쌀 5 kg을 살 수 있는지 구해 보시오.

> 00원
>
> 1 g당 3.38원
>
> 쌀 5 kg

(   )

3 2030에 어떤 수를 곱했더니 2.03이 되었습니다. 200.6에 어떤 수를 곱한 값은 얼마인지 구해 보시오.

(   )

4 은수는 은행에서 우리나라 돈을 미국 돈으로 바꾸려고 합니다. 바꾸는 날의 환율은 미국 돈 1달러(USD)가 우리나라 돈 1124.5원이고, 우리나라 돈을 미국 돈 1달러로 바꾸는 데 수수료가 19.7원 든다고 합니다. 미국 돈 350달러로 바꾸려면 우리나라 돈으로 얼마를 내야 하는지 구해 보시오.

(   )

5 주어진 직사각형의 둘레를 한 변의 길이로 하는 정오각형이 있습니다. 이 정오각형의 둘레는 몇 cm인지 구해 보시오.

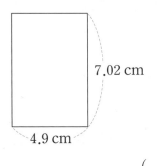

7.02 cm

4.9 cm

(   )

비법 NOTE

6 하윤이네 초등학교 전체 학생 수의 0.51배가 남학생이고, 남학생의 0.25배가 강아지를 키웁니다. 하윤이네 초등학교 전체 학생 수가 1600명일 때 강아지를 키우지 <u>않는</u> 남학생은 몇 명인지 구해 보시오.

(   )

7 정재는 한 시간에 4.1 km를 걷고, 슬기는 한 시간에 4.5 km를 걷습니다. 정재와 슬기가 곧은 도로의 양 끝에서 서로 마주 보고 동시에 출발하여 쉬지 않고 걸으면 1시간 48분 후에 만난다고 합니다. 도로의 길이는 몇 km인지 구해 보시오. (단, 두 사람이 걷는 빠르기는 각각 일정합니다.)

(   )

8 다음과 같이 약속할 때 $(3.2 ♥ 12.4) ♥ 0.6$을 계산해 보시오.

$$⊙ ♥ ⓛ = ⊙ × ⊙ - ⓛ × 0.5$$

(   )

9 직사각형 모양의 종이를 폭이 일정하게 잘라 낸 것입니다. 잘라 내고 남은 부분의 넓이는 몇 cm^2인지 구해 보시오.

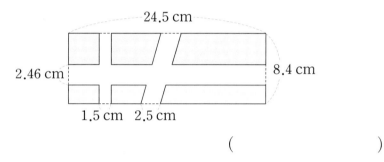

(   )

10 떨어진 높이의 0.6배만큼 튀어 오르는 공이 있습니다. 이 공을 3.5 m 높이에서 그림과 같은 계단 모양의 땅에 떨어뜨렸을 때 공이 셋째로 튀어 오른 높이는 몇 m인지 구해 보시오.

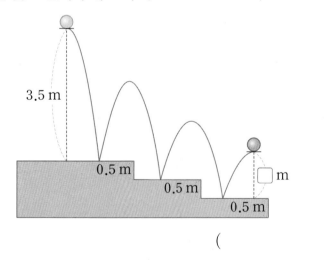

(   )

창의융합형 문제

11 태양에서 지구까지의 거리를 1로 보았을 때 태양에서 수성까지의 거리는 0.4이고, 태양에서 화성까지의 거리는 1.5입니다. 태양에서 지구까지의 거리가 1억 5000만 km이면 수성에서 화성까지의 거리는 몇 km인지 구해 보시오.

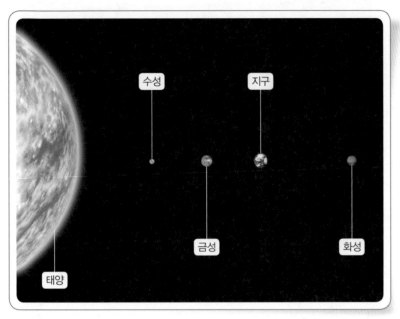

▲ 태양계 행성

(   )

창의융합 PLUS

✚ 태양에서 행성까지의 거리 비교
태양에서 지구까지의 거리를 1로 보았을 때 태양에서 행성까지의 상대적인 거리는 다음과 같습니다.

행성	상대적인 거리
수성	0.4
금성	0.7
지구	1
화성	1.5
목성	5.2
토성	9.5
천왕성	19.2
해왕성	30

12 해발 고도가 100 m 상승할 때마다 기온은 0.6 °C씩 낮아집니다. 어느 날 설악산에서 해발 고도가 300 m 인 곳의 기온이 18.2 °C일 때 해발 고도가 1250 m인 곳의 기온은 몇 °C인지 구해 보시오.

▲ 설악산

(   )

✚ 해발 고도
평균 해수면을 기준으로 측정한 어떤 지점의 높이를 해발 고도라 합니다. 우리나라 지형도에서 사용되는 해발 고도는 인천만의 평균 해수면을 0 m로 정한 것입니다.

산	해발 고도(m)
한라산	1950
지리산	1915
설악산	1708
속리산	1054

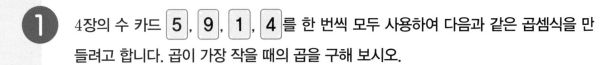

1 4장의 수 카드 5, 9, 1, 4 를 한 번씩 모두 사용하여 다음과 같은 곱셈식을 만들려고 합니다. 곱이 가장 작을 때의 곱을 구해 보시오.

$$\boxed{}.\boxed{} \times \boxed{}.\boxed{}$$

(   )

2 0.9를 70번 곱했을 때 곱의 소수 70째 자리 숫자는 무엇인지 구해 보시오.

(   )

3 1분에 13.5 L의 물을 받을 수 있는 수도꼭지와 1분에 1.14 L의 물을 뺄 수 있는 수도꼭지가 연결된 통이 있습니다. 통에 처음 30 L의 물이 들어 있었다면 두 수도꼭지를 동시에 튼 지 7분 24초 후에 통에 담겨 있는 물은 몇 L인지 구해 보시오. (단, 통의 물은 넘치지 않았습니다.)

(   )

4 ㉮ 자동차는 한 시간에 75.8 km씩 달리고, ㉯ 자동차는 20분에 36.2 km씩 달립니다. 이와 같은 빠르기로 두 자동차가 같은 장소에서 동시에 출발하여 서로 반대 방향으로 2시간 3분 동안 달렸다면 두 자동차 사이의 거리는 몇 km인지 구해 보시오. (단, 자동차의 길이는 생각하지 않습니다.)

(   )

5 직사각형 ㄱㄴㄷㄹ에서 색칠한 부분의 넓이는 몇 cm²인지 구해 보시오.

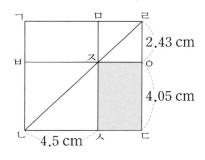

(   )

6 놀이공원에서 코끼리 열차가 1분에 56 m를 달리는 빠르기로 길이가 60 m인 다리를 완전히 통과하는 데 1분 27초가 걸렸습니다. 이 코끼리 열차가 같은 빠르기로 길이가 146.8 m인 터널을 완전히 통과하는 데 걸리는 시간은 몇 분인지 구해 보시오.

(   )

대표유형 ①

• 직육면체의 한 모서리의 길이 구하기

오른쪽 직육면체의 모든 모서리의 길이의 합은 96 cm입니다. ㉠에 알맞은 수를 구해 보시오.

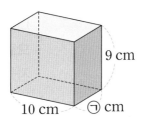

(　　　　　　　　)

대표유형 ②

• 상자를 묶는 데 사용한 리본의 길이 구하기

직육면체 모양의 상자를 그림과 같이 리본으로 한 바퀴 둘러 묶었습니다. 사용한 리본은 모두 몇 cm인지 구해 보시오. (단, 매듭으로 사용한 리본의 길이는 34 cm입니다.)

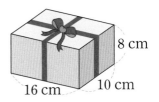

(　　　　　　　　)

대표유형 ③

• 직육면체를 두 방향에서 본 모양을 보고 다른 방향에서 본 모양 알아보기

어떤 직육면체를 위와 앞에서 본 모양입니다. 이 직육면체를 옆에서 본 모양의 모서리의 길이의 합은 몇 cm인지 구해 보시오.

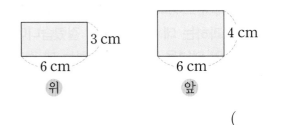

(　　　　　　　　)

대표유형 4

• 선이 지나가는 자리 나타내기

직육면체의 면에 선을 그림과 같이 그었습니다. 직육면체의 전개도에 선이 지나가는 자리를 나타내어 보시오.

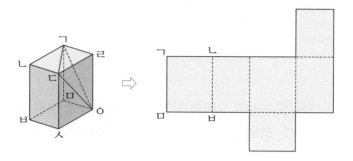

대표유형 5

• 색칠된 작은 정육면체의 수 구하기

오른쪽 그림과 같이 정육면체의 모든 면을 초록색으로 색칠한 다음 각 모서리를 4등분하여 크기가 같은 작은 정육면체로 모두 잘랐습니다. 두 면이 색칠된 작은 정육면체는 모두 몇 개인지 구해 보시오.

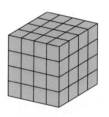

(   )

신유형 6

• 루빅큐브에서 서로 평행한 면 알아보기

6개의 면에 서로 다른 색이 색칠된 루빅큐브를 여러 방향에서 본 모양입니다. 검은색 면과 평행한 면은 무슨 색인지 구해 보시오.

(   )

1 오른쪽 주사위의 각 면에는 1부터 6까지의 눈이 그려져 있습니다. 마주 보는 면의 눈의 수의 합이 7일 때 ㉠에 올 수 있는 눈의 수를 모두 구해 보시오.

(   )

2 직육면체 가의 모든 모서리의 길이의 합과 정육면체 나의 모든 모서리의 길이의 합은 같습니다. 정육면체 나의 한 모서리의 길이는 몇 cm인지 구해 보시오.

가
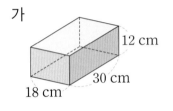
12 cm
30 cm
18 cm

나
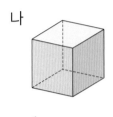

(   )

3 정육면체 모양의 상자 6개를 오른쪽 그림과 같이 쌓았습니다. 바닥에 닿는 면을 포함한 정사각형 모양의 겉면은 모두 몇 개인지 구해 보시오.

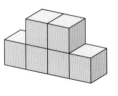

(   )

4 직육면체의 전개도의 둘레는 몇 cm인지 구해 보시오.

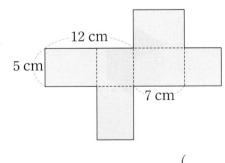
12 cm
5 cm
7 cm

(   )

5 어떤 직육면체를 앞과 옆에서 본 모양입니다. 이 직육면체의 모든 모서리의
길이의 합은 몇 cm인지 구해 보시오.

비법 NOTE

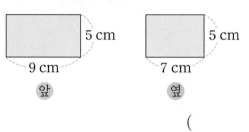

앞　　　　　옆

(　　　　　　　　)

6 전개도를 접어서 만들 수 있는 정육면체를 찾아 기호를 써 보시오.

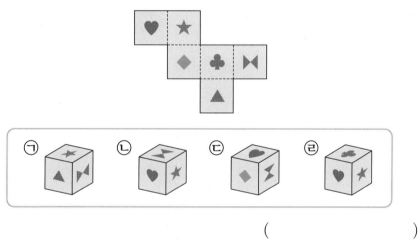

(　　　　　　　　)

7 오른쪽 직육면체를 잘라서 똑같은 정육면체를 여러
개 만들려고 합니다. 남는 부분 없이 자를 때 만들
수 있는 가장 큰 정육면체 한 개의 모든 모서리의
길이의 합은 몇 cm인지 구해 보시오.

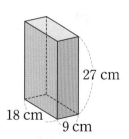

(　　　　　　　　)

8 정육면체에 오른쪽 그림과 같이 선을 그었습니다. 빨간색 선과 파란색 선 중에서 어느 색 선의 길이가 더 짧은지 구해 보시오.

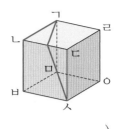

(   )

9 마주 보는 면의 눈의 수의 합이 7인 주사위 3개를 오른쪽 그림과 같이 한 줄로 쌓았습니다. 맞닿는 면의 눈의 수의 합이 9가 되도록 쌓았을 때 바닥에 닿는 면의 눈의 수를 구해 보시오.

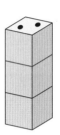

(   )

10 분홍색 페인트가 들어 있는 통에 직육면체 모양의 상자를 왼쪽과 같이 기울인 다음 다른 곳에는 묻지 않게 담갔다가 꺼냈습니다. 이 상자의 전개도에 페인트가 묻은 부분을 색칠해 보시오.

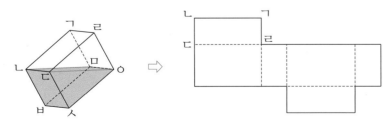

창의융합형 문제

11 연서는 과학 시간에 한 모서리의 길이가 1 cm인 정육면체 모양의 상자 208개로 측우기를 흉내 내어 오른쪽과 같이 쌓았습니다. 상자를 빈틈없이 몇 개 더 쌓아 가장 작은 정육면체를 만들려고 합니다. 만든 정육면체의 모든 모서리의 길이의 합은 몇 cm인지 구해 보시오.

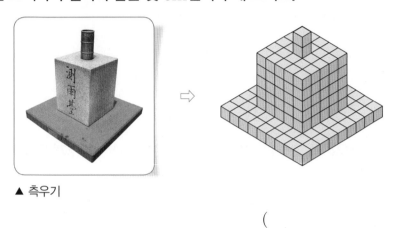

▲ 측우기

( )

12 민서 어머니께서는 인터넷 쇼핑몰에서 원형 거울을 주문하셨습니다. 주문한 거울은 꼭 맞게 만든 직육면체 모양의 택배 상자에 담겨 오른쪽 그림과 같이 배달되었습니다. 택배 상자의 겉면에 붙인 테이프는 모두 몇 cm인지 구해 보시오. (단, 상자의 두께는 생각하지 않고, 테이프는 모서리와 평행하게 한 바퀴씩 둘러 붙였습니다.)

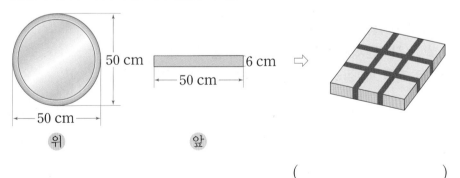

위　　　　　　앞

( )

최상위권 문제

복습

1 오른쪽 그림은 정육면체의 전개도의 일부분입니다. 나머지 부분을 완성하여 만들 수 있는 전개도는 모두 몇 가지인지 구해 보시오. (단, 돌리거나 뒤집었을 때 모양이 같으면 같은 전개도입니다.)

(   )

2 왼쪽 전개도를 접으면 오른쪽 그림과 같이 크기가 같은 정육면체가 2개 만들어집니다. 두 정육면체에서 서로 맞닿는 두 면의 기호를 써 보시오.

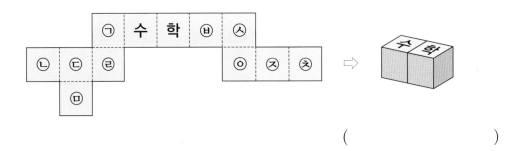

(   )

3 고무찰흙으로 크기가 같은 정육면체 모양 16개를 만든 다음 오른쪽 그림과 같이 쌓아 직육면체를 만들었습니다. 네 점 가, 나, 다, 라를 지나는 평면으로 자를 때 잘리지 <u>않는</u> 정육면체는 모두 몇 개인지 구해 보시오.

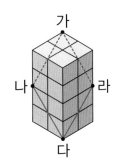

(   )

4 한 변의 길이가 40 cm인 정사각형 모양의 도화지에서 색칠한 부분을 잘라 낸 다음 남은 도화지를 접어 겹치는 부분 없이 직육면체를 만들었습니다. 오른쪽에 만든 직육면체의 겨냥도를 그리고, 겨냥도에 모서리의 길이를 나타내어 보시오.

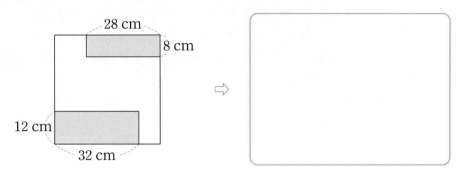

5 한 면만 색칠된 작은 정육면체가 216개 있습니다. 이 정육면체를 쌓아서 큰 정육면체를 만들었을 때 색칠된 바깥쪽 면은 최대 몇 개인지 구해 보시오.

(   )

6 크기가 같은 정육면체 3개를 다음과 같이 늘어놓았습니다. 꼭짓점 ㉮에서 꼭짓점 ㉯까지 모서리를 따라 가장 가깝게 갈 수 있는 방법은 모두 몇 가지인지 구해 보시오.

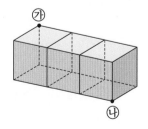

(   )

대표유형 1

• 조건에 알맞은 회전판이 되도록 색칠하기

(조건)에 알맞은 회전판이 되도록 색칠해 보시오.

───(조건)───

• 화살이 빨간색과 파란색에 멈출 가능성이 같습니다.
• 화살이 초록색과 노란색에 멈출 가능성이 같습니다.
• 화살이 빨간색에 멈출 가능성이 초록색에 멈출 가능성의 2배입니다.

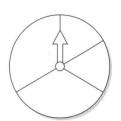

대표유형 2

• 세 사람의 평균 구하기

정은, 소미, 선주 세 사람이 앉은키를 재었습니다. 소미는 정은이보다 1.8 cm 더 작고, 선주는 소미보다 4.2 cm 더 큽니다. 정은이의 앉은키가 72.8 cm일 때 세 사람의 앉은키의 평균은 몇 cm인지 구해 보시오.

(   )

대표유형 3

• 모르는 자료의 값 구하기

준기의 단원 평가 점수를 나타낸 표입니다. 준기의 1단원부터 5단원까지의 점수의 평균이 86점 이상이 되려면 5단원에서는 적어도 몇 점을 받아야 하는지 구해 보시오.

준기의 단원 평가 점수

단원	1	2	3	4	5
점수(점)	84	76	92	88	

(   )

대표유형 4

● 두 집단의 평균 구하기

태훈이가 자전거를 타고 어제 11 km를 가는 데 1시간 30분이 걸렸고, 오늘 14 km를 가는 데 1시간 50분이 걸렸습니다. 태훈이가 이틀 동안 1 km를 가는 데 걸린 시간의 평균은 몇 분인지 구해 보시오.

(   )

대표유형 5

● 부분 평균으로 전체 평균 구하기

진영이네 반 남학생 14명과 여학생 10명의 키의 평균을 나타낸 것입니다. 진영이네 반 전체 학생의 키의 평균은 몇 cm인지 구해 보시오.

키의 평균

남학생 14명	132 cm
여학생 10명	129.6 cm

(   )

신유형 6

● 평균을 높이는 방법 알아보기

동민이의 시험 점수를 나타낸 표입니다. 동민이가 다음 시험에서 점수의 평균을 4점 더 올릴 수 있는 방법을 3가지 써 보시오.

동민이의 시험 점수

과목	국어	수학	사회	과학
점수(점)	84	88	76	92

방법＼과목	국어	수학	사회	과학	총점
1					
2					
3					

1 11부터 35까지의 자연수의 평균을 구해 보시오.

(   )

2 은지가 구슬 개수 맞히기 놀이를 하고 있습니다. 구슬 8개가 들어 있는 주머니에서 1개 이상의 구슬을 꺼냈습니다. 꺼낸 구슬의 개수가 홀수일 가능성과 회전판을 돌릴 때 화살이 빨간색에 멈출 가능성이 같도록 오른쪽 회전판을 색칠해 보시오.

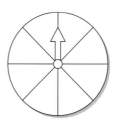

3 인국이네 학교의 학년별 학생 수를 조사한 표입니다. 표의 일부분이 찢어져 보이지 않습니다. 인국이네 학교의 학년별 학생 수의 평균이 83명일 때 4학년과 5학년 학생 수는 각각 몇 명인지 구해 보시오.

학년별 학생 수

학년	1	2	3	4	5	6
학생 수(명)	72	80	93	8	4	90

4학년 (   )

5학년 (   )

4 넓이가 $4000 \ m^2$인 논의 벼를 베려고 합니다. 첫째 날은 8명이 6시간 동안 베고, 둘째 날은 4명이 8시간 동안 베어 벼를 모두 베었다면 한 사람이 한 시간에 벼를 벤 논의 넓이의 평균은 몇 m^2인지 구해 보시오. (단, 모든 사람이 한 시간 동안 한 일의 양은 일정합니다.)

(   )

5 1부터 6까지의 눈이 그려진 주사위를 한 번 굴릴 때 일이 일어날 가능성이 낮은 순서대로 기호를 써 보시오.

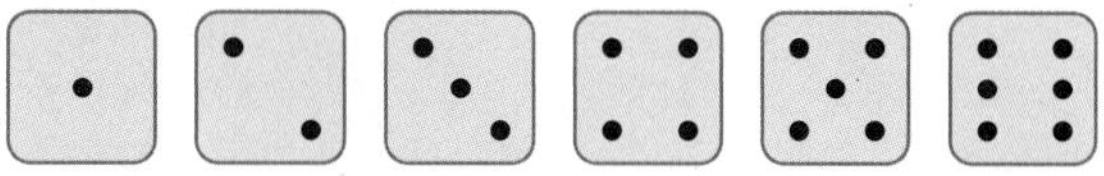

> ㉠ 주사위의 눈의 수가 3 미만으로 나올 가능성
> ㉡ 주사위의 눈의 수가 6의 약수로 나올 가능성
> ㉢ 주사위의 눈의 수가 2의 배수로 나올 가능성
> ㉣ 주사위의 눈의 수가 6 초과로 나올 가능성

( )

6 어느 지역의 마을별 매실 수확량을 조사하여 나타낸 표입니다. 다섯 마을의 매실 수확량의 평균은 222 kg이고 라 마을에서 수확한 매실을 한 상자에 8 kg씩 모두 담으려고 합니다. 이때 필요한 상자는 몇 개인지 구해 보시오.

마을별 매실 수확량

마을	가	나	다	라	마
수확량(kg)	250	130	280		210

( )

7 유민이네 반 학생은 모두 25명이고 그중에서 여학생은 12명입니다. 유민이네 반 전체 학생의 몸무게의 평균은 41.88 kg이고, 여학생의 몸무게의 평균이 38.5 kg일 때 남학생의 몸무게의 평균은 몇 kg인지 구해 보시오.

( )

8 지우가 하루에 한 번씩 줄넘기를 하고 넘은 횟수를 기록했습니다. 기록한 횟수 중 76회인 한 회의 기록을 67회로 잘못 보고 계산했더니 평균이 70회가 되었습니다. 실제 줄넘기 횟수의 평균이 71회일 때 지우는 줄넘기를 며칠 동안 하였는지 구해 보시오.

(   )

비법 NOTE

9 5장의 수 카드 1 , 3 , 5 , 7 , 9 를 상자 안에 넣었습니다. 이 중에서 2장을 뽑아 두 자리 수를 만들 때 홀수일 가능성을 수로 표현해 보시오.

(   )

10 50 m 자유형 수영 대회 결승에 5명의 선수가 출전했습니다. 금메달, 은메달, 동메달을 딴 선수의 기록의 평균은 31.2초이고, 동메달을 딴 선수와 메달을 따지 못한 나머지 두 선수의 기록의 평균은 34.5초입니다. 5명의 기록의 평균이 32.8초일 때 동메달을 딴 선수의 기록은 몇 초인지 구해 보시오.

(   )

창의융합형 문제

11 기계체조의 점수는 4명의 심판이 채점하는 난도 점수와 5명의 심판이 채점하는 실시 점수로 구성되어 20점 만점입니다. 난도 점수와 실시 점수는 가장 높은 점수와 가장 낮은 점수를 제외한 나머지 점수의 평균을 점수로 합니다. 다음 표를 보고 혁수가 받은 안마 점수는 몇 점인지 구해 보시오. (단, 가장 높은 점수와 가장 낮은 점수가 여러 개인 경우는 각각 1개만 제외합니다.)

혁수의 안마 난도 점수

심판	가	나	다	라
점수(점)	7	7	6	8

혁수의 안마 실시 점수

심판	마	바	사	아	자
점수(점)	8	9	7	9	6

(   )

12 우리나라는 매년 출생아 수가 줄어들어 인구절벽의 위기를 겪고 있습니다. 2013년부터 2017년까지 우리나라의 출생아 수의 평균이 414800명일 때 꺾은선그래프를 완성해 보시오.

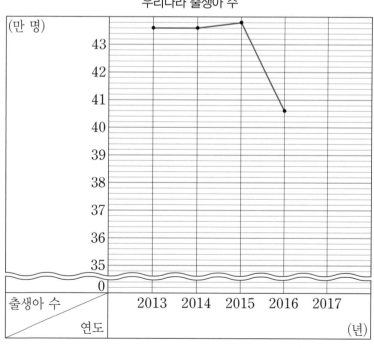

우리나라 출생아 수

1 ㉮★㉯는 ㉮와 ㉯의 평균을 나타냅니다. □ 안에 알맞은 수를 구해 보시오.

$$14★(\square★9)=11$$

(   )

2 주머니 안에 검은색 바둑돌 몇 개와 흰색 바둑돌 7개가 들어 있었습니다. 태호가 주머니에서 바둑돌 2개를 꺼냈더니 꺼낸 바둑돌이 모두 검은색이었습니다. 지금 주머니에서 바둑돌 1개를 꺼낼 때 흰색 바둑돌이 나올 가능성이 '반반이다'라면 처음 주머니에 들어 있던 바둑돌은 모두 몇 개인지 구해 보시오.

(   )

3 5개의 자연수 ㉠, ㉡, ㉢, ㉣, ㉤이 다음을 만족할 때 ㉠, ㉡, ㉢, ㉣, ㉤의 평균을 구해 보시오.

㉠+㉡=16, ㉡+㉢=14, ㉢+㉣=22, ㉣+㉤=30, ㉤+㉠=18

(   )

4 어떤 시험에 300명이 응시하여 40명이 합격했습니다. 합격한 40명의 점수의 평균과 불합격한 260명의 점수의 평균의 차는 12점입니다. 응시한 300명의 점수의 평균이 72.6점일 때 합격한 40명의 점수의 평균은 몇 점인지 구해 보시오.

(   )

5 그리기 대회에 나간 연아가 심사 위원에게 받은 점수의 평균을 나타낸 표입니다. 심사 위원에게 받은 가장 높은 점수가 21.6점일 때 그리기 대회의 심사 위원은 모두 몇 명인지 구해 보시오. (단, 가장 높은 점수는 심사 위원 1명에게 받았습니다.)

전체 점수의 평균	16.6점
가장 높은 점수를 제외한 점수의 평균	15.6점

(   )

6 준영이네 반 학생 26명이 세 문제로 구성된 시험을 본 결과를 나타낸 표입니다. 1번은 10점, 2번은 20점, 3번은 30점이고 반 전체 학생의 점수의 평균은 35점입니다. 3번을 맞힌 학생이 16명일 때 2번을 맞힌 학생은 몇 명인지 구해 보시오.

점수별 학생 수

점수(점)	0	10	20	30	40	50	60
학생 수(명)		2	4		7	4	3

(   )

대표전화 1544-0554
주소 서울특별시 구로구 디지털로33길 48 대륭포스트타워 7차 20층
협의 없는 무단 복제는 법으로 금지되어 있습니다.